전산실무

- 한글, 파워포인트, 엑셀

한 만 봉 · 이 필 호 공저

한국학술정보[주]

이 책은 대학에서 전산 실무와 행정사무자동을 강의하는 가운데 실질적인 도움을 주기 위해 알기 쉽게 만들어졌다. 주지하다시피 시중에는 수십 종의 책들이 즐비하게 출판되었다. 그러나 대부분의 책들은 원론적 수준을 뛰어넘거나, 내용이 방대하여 학생들은 읽는 순간부터 지루함과 부담을 느낀다. 대학에서 한 학기에 가르치는 내용 중에서 기본적으로 가르치기에는 너무 방대하고, 이론적인 면들이 너무 많음을 인식하였다. 학생들에게 대화하듯이 가르치고, 재미있게 기억시키고자 이 책을 발간하게 되었다. 이 책에서는 파워포인트, 프레젠테이션과, 엑셀을 쉽게 배울 수 있도록 구성하였다. 한마디로 현장적인 실무 교육이라고 할 수 있다. 즉 현장교육, 현실적용의 살아 있는 대학교재인 것이다. 학문의 기본적인 내용을 포괄적으로 다루는 데 중점을 두고, 학생들이 한 학기 동안 교수의 강의를 그대로 듣는다는 느낌을 최대한 살린 책이다. 이 분야를 전공하지 않은 사람들까지 이 책을 읽음으로써 어렵지 않게 전문가가 될 수 있게 배려를 하였다. 다만 내용을 개괄적으로 다루다 보니 각 학문에서 필히 다루어야 할 부문들을 누락시킨 부문들이 없진 않다. 내용 및 전개상 여러 부분들을 국내외 학계, 전문가의 이야기들을 요약 발췌한 부문도 있음을 밝힌다. 그러나 독창적인 아이디어로 예화, 적용을 통해 재미있게 접근함은 필자의 독창성임을 밝혀 둔다. 한 권의 책을 만들고 난 후의 느낌은 좀 더 잘 만들 걸 하는 후회함이 조금 남게 된다. 그러나 미흡

한 부문들은 앞으로 계속 보완해 나가 세계에 두루 사용되는 대학교 재로서 손색이 없도록 만들겠다. 끝으로 이 책이 출판되기까지 물심 양면으로 도움을 주신 미래에셋 Financial Consultant 장석숙 선생님, 한국학술정보(주) 강태우 선생님, 홍성군 자원봉사센터 김영미 D / B 코디네이터 선생님, 한민대학교 김두흠 박사님, Cohen University 전현 열 부총장님, 성화전기 홍보이사 정종대 이사님, 한주신학 한영숙 학 장님, 출판사 임직원 모두에게 감사를 표한다. 아무쪼록 본 대학교재 를 통하여 교수님들과 학생들이 하나가 되어 보다 재미있고, 활기차 며 그리고 크게 배우는 효과적인 교육이 이루어졌으면 하는 바이다.

2008년 5월 고려대학교 중앙도서관에서 저자 씀

Contents ▷▷▷

01 기본개요 및 컴퓨터 세계__9

1. 만들어 보고 이해하기 _11
2. 문제 풀어 보며 이해하기 _65

02 컴퓨터 시스템 활용__85

1. 한글 프로그램 활용 _87
   1) 한글 2007 활용 _87
2. 파워포인트 활용 _149
   1) 프레젠테이션이란 _149
   2) 파워포인트 화면구성 _151
3. 엑셀 활용하기 _180
   1) 엑셀 기본 화면 _180
   2) 엑셀의 기능 _180

03 21세기 전산 실무와 컴퓨터 이해__195

1. 미래의 컴퓨터 활용가능성 _197
   1) 모션 그래픽 _209

01

기본개요 및 컴퓨터 세계

만들어 보고 이해하기

이 력 서

사진 (3cm × 4cm)	성 명	한글	홍길동	생년월일	1986. 01. 01. (남)
		한자	洪吉童	주민등록번호	860101 – 1234567
	주소		서울시 종로구 종로 1가 123번 (TEL: 02) 1234 – 5678)		

학 력	기간	학교명	전공분야
	1992. 3 ～ 1998. 2	한국초등학교(졸업)	
	1998. 3 ～ 2001. 2	한국중학교(졸업)	
	2001. 3 ～ 2004. 2	한국고등학교(졸업)	
	2009. 3 ～ 현재	한국대학교(재학)	컴퓨터공학
	～	대학원	

경 력	기간	근무처	직위	업무내용
	～			
	～			

자격 및 면허	취득년월일	자격 · 면허명	시행처

병 역	복무기간	군별	계급	병과	미필또는면제사유
	～				미필

신장	180cm	체중	80kg	취미	농구	특기	게임	종교	무교

가 족 사 항	관계	성명	연령	출신학교	직업	근무처	직위
	부	홍상직	47	한국대학교	회사원	한국회사	부장
	모	옥영향	45	한국대학교	회사원	한국회사	팀장

위에 기재한 사항은 사실과 틀림이 없습니다.

2009년 01월 01일

성 명: 홍 길 동 ㉑

자기 소개서

이름: 한만봉(韓萬奉)

e-mail: doctor@skku.edu

전화(☎): (010) 4432-8561

나의 좌우명

길이 가깝다고 가지 않으면 도달하지 못하며
일이 작다고 행하지 않으면 성취하지 못한다.

나의 성장기-유년기

초등학교 3학년 때 처음으로 8비트짜리 컴퓨터를 접하고 나서, 그때부터 저는 줄곧 프로그래머로써의 꿈을 키워 왔습니다. 이제껏 저는 저의 선택에 후회하거나 프로그래머 이외의 다른 일이 제게 있으리라는 생각을 해 본 적이 없습니다. 저는 준비된 전문인으로 귀사와 함께 성장하고자 합니다.

일에 임하는 자세

아무리 사소하고 작은 일이라도 그것을 정복하고자 하는 성취욕구나 승부근성이 없다면 이룰 수 없다는 것이 저의 지론입니다.

저희 아버지는 (주)대학그룹에서 20년간 근무를 하시고 작년에 퇴직해서 지금은 조그마한 개인 사업을 하고 계십니다. 아버지는 오랜 직장생활을 하신 분답게 시간관념이 철저하시고 어떤 일을 처리하실 때에도 계획을 세우신 후 순서적으로 진행을 하시곤 합니다. 아버지의 이런 모습을 보고 자라서인지 저도 무턱대고 일 처리하는 것보다 계획을 먼저 세운 후 진행해 나가는 걸 무척 좋아합니다.

저는 어렸을 때부터 스스로 일을 알아서 처리하는 습관이 몸에 배어 자립심이 강합니다. 그래서 대학 입학을 앞둔 시점에서도 어떤 길로 갈 것인가를 다른 사람에게 의존하거나 자문 없이 스스로 저의 적성을 고려해 선택하고 결정했습니다. 저의 성향이나 장점 및 단점을 가장 잘 알고 있는 것은 다른 누구도 아닌 바로 저 자신이었기 때문입니다.

2008년 저의 소신과 의지대로 결정한 한국대 컴퓨터공학과에 입학하면서 본격적으로 프로그래머가 되겠다는 꿈을 일구어 나가기 시작했습니다. 당시 저는 컴퓨터 동아리에서 활동하면서 점차 프로그래밍의 매력에 빠져 들었고 교내 소프트웨어 전시회 때 출품을 하기도 하면서 컴퓨터와 관련된 것이라면 무엇이든 다양하게 활동했습니다. 학과 선배들과 함께 몇 가지의 공동 프로젝트에 참여하면서 저는 더욱 앞으로의 진로에 대한 확신이 섰고 누구보다도 열심히 전공공부와 컴퓨터 프로그래밍에 저의 시간과 노력을 투자했습니다.

◆ 재료 준비하기 ◆

▶ 흰밥

식은 밥보다는 뜨거운 밥으로 준비하되, 너무 질거나 굳어 있으면 잘 볶아지지 않기 때문에 조금 된밥을 준비한다.

▶ 양파

껍질이 잘 마르고 광택이 있으며 단단한 양파를 골라 껍질을 벗기고 깨끗이 씻어 둔다.

▶ 당근

손으로 들어 보아 묵직한 중량감이 있고 빛깔이 선명하며 매끄러운 당근을 골라 깨끗이 씻은 뒤 껍질을 벗겨서 준비한다.

▶ 햄

햄은 육가공품으로 제조 연월일을 꼭 살펴보고 유통기한을 확인한다. 또한 10℃ 이하의 냉장 시설이 되어 있는 판매장에서 구입해야 변질의 위험이 없다.

▶ 새우 살

껍데기를 벗겨 놓은 새우 살이나 냉동 새우 살을 준비한다. 냉동 새우는 전자레인지에서 해동시키거나, 비닐봉지에 넣어 찬물에 담가 해동시킨다. 생새우는 중하 또는 보리새우 정도면 된다. 머리를 떼고 껍데기를 벗긴 다음 등 쪽의 내장을 제거한다.

▶ 옥수수(통조림)

신용 있는 회사의 제품으로 제조 연월일이 오래되지 않은 것을 고른다. 통을 두들겨 보아 맑은 소리가 나면 내용물이 이상이 없는 것을 뜻하며 탁한 소리는 이상이 있는 것이므로 사지 말아야 한다. 통을 열었을 때 이상한 냄새가 나거나 색깔이 변한 것은 불량품이다.

◆ 요리하기 ◆

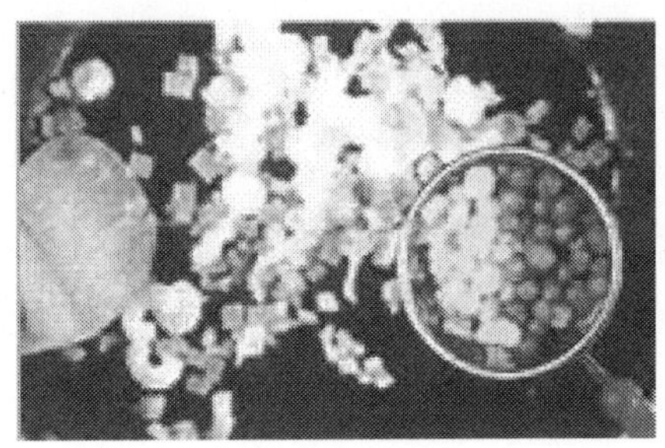

▶ 양파와 당근은 껍질을 벗겨 사방 2㎝ 정도의 크기로 잘게 썬다.

▶ 햄도 사방 2㎝ 정도의 크기로 썬다.

▶ 옥수수는 체에 밭여 물기를 없애고, 완두콩은 끓는 소금물에 살짝 데쳐 물기를 거둔다.

▶ 새우 살은 찬물에 한 번 살짝 헹궈서 체에 밭여 물기를 없앤다.

▶ 잘 달군 팬에 기름을 두르고 밥이 덩어리지지 않도록 풀어 가며 볶는다.

▶ 당근을 먼저 추가하여 넣고 볶다가 양파, 햄, 새우 살, 완두콩, 옥수수 순서로 넣어 가며 볶다가 소금과 후춧가루로 간을 하여 완성한다.

▶ 그릇에 볶음밥을 담고 위에 피클이나 단무지 등을 밥 위에 올려 상에 낸다.

고전 시가 조사하기

黃鳥歌 **황조가**

- 유리왕 -

翩翩黃鳥 편편황조 펄펄 나는 저 꾀꼬리
雌雄相依 자웅상의 암수 서로 정답구나
念我之獨 염아지독 외로워라 이 내 몸은
誰其與歸 수기여귀 뉘와 함께 돌아갈까

1. 자료 분석

이 노래는 고구려 제2대 유리왕이 계비 치희를 잃은 슬픔을 노래한 작품이다. 4언 4구의 서경체로 삼국사기 고구려 본기에 한역되어 전해지고 있는데, 집단적인 서사문학에서 개인적인 서정문학으로 옮아가는 단계의 노래로서 국문학사상 가장 오래된 서정 시가로 고대 서정시의 면모를 잘 보여 주고 있는 작품이다.

- 꾀꼬리의 상징성
  ⓐ 정답게 서로 사랑하는 자연물
  ⓑ 실연의 아픔을 깨닫게 하는 존재
  ⓒ 과거를 회상하게 해 주는 매개체
  ⓓ 임에 대한 그리움을 환기시키는 존재

2. 내용과 배경설화

‘황조가’는 유일하게 전해지는 고구려의 가요이다. 또한 고대가요의 발전 과정에 대한 일반적인 견해는 ‘서사시－서정시’의 흐름인데, ‘황조가’는 최초의 서정시라는 점에서도 의의를 갖는다. 삼국사기에 의하면 ‘황조가’ 고구려의 2대 왕인 유리왕이 지은 것으로 기록되어 있다. 그 배경 설화는 다음과 같다.

대략 기원전 1세기의 일로 알려져 있다. 동명왕의 뒤를 이어 고구려 제2대 왕이 된 유리왕은 송 씨를 맞아 왕비로 삼았으나, 왕비는 1년 후 세상을 떠났다. 유리왕 3년 10월경의 일이다. 왕은 다시 두 여자를 계비(繼妃)로 맞아들였다. 하나는 골천 사람의 딸 화희(禾姬)였고, 또 하나는 한인(漢人)의 딸 치희(雉姬)였다. 둘은 서로 사이가 좋지 않아 왕은 양곡(凉谷)에 동서 두 궁궐을 지어 따로 살게 하였다. 어느 날 왕은 기산(箕山)에 사냥을 나가 이레 동안 돌아오지 않았다. 그사이에 두 여자는 서로 싸움을 하였다. 화희가 치희를 꾸짖어 “너는 한나라의 비첩(婢妾)으로 어찌 이렇게 무례히 구느냐?” 하였다. 치희는 부끄럽고 분하여 집으로 돌아가 버렸다. 사냥에서 돌아온 왕은 이 말을 듣고 말을 달려 쫓아갔으나 치희는 노하여 돌아오지 않았다. 외롭고 쓸쓸한 마음으로 돌아오던 왕이 나무 아래에서 고달픈 몸을 쉬고 있던 중, 꾀꼬리들이 정답게 모여드는 것을 보고 자신의 처지를 비추어 노래를 지어 불렀다고 한다.

이 노래는 실연의 아픔과 고독을 꾀꼬리라는 자연물에 의탁하여 우의적으로 표현한 것이 돋보인다. 1－2행에서는 꾀꼬리의 정다운 모습을, 3－4행에서는 짝을 잃은 고독과 슬픔을 노래하여 서로 대조를 이루고 있다. 거의 완벽한 대칭 구조는 균형미를 주는 동시에 작자의 외로운 심정을 부각시키고 있다. 3행에서는 꾀꼬리에서 작자에게로 시상(詩想)이 전환되고 있고, 4행에서는 작자의 슬픈 감정이 가장 고조된 상태를 보이고 있다.

- 이궁(離宮): 행궁(行宮), 임금이 거동할 때에 머무르는 별궁

- 계실(繼室): 후실, 후처

3. 황조가를 집단 서사시로 볼 경우

황조가는 지금까지 개인 서정시로 보는 설이 유력하였으나, 최근 들어 부족 간의 통합 과정에서 나타나게 된 집단 간의 갈등을 표현한 서사시로 보는 설(設)이 등장했다. 이에 의하면, 화희(禾姬)와 치희(雉姬)는 고구려를 형성한 부족 중 세력이 가장 큰 두 부족을 대표하는 인물이 된다. 아마도 고구려의 왕은 두 부족 추장의 딸을 정략적으로 왕비로 맞아들임으로 두 부족을 통합하고 무마시켰는데, 이들 사이에 세력 다툼이 일어나게 되고 그 과정에서 치희(雉姬)로 대표되는 한족(漢族)이 고구려와의 결별을 선언하게 된 것이고, 이를 조정하기 위해 유리왕이 달려갔으나 실패했다는 것이다. 따라서 이 노래는 부족의 통합 과정에서 나타난 각 부족 간의 상쟁(相爭)과 그 화해를 위해 노력한 왕이 실패한 후 탄식한 내용을 담고 있는 것이 된다.

이 설은 화희가 치희에게 "한가(漢家)의 비첩(婢妾)으로 무례함이 어찌 그리 심한가?(여한가비첩(汝漢家婢妾) 하무례지심호(何無禮之甚乎))" 하고 꾸짖었다는 점이나, 왕이 돌아오자마자 치희를 쫓아갔다(책마추지(策馬追之))는 점\ "치희가 노여워 돌아오지 않았다.(치희노불환(雉姬怒不還))\ "라고 한 점, 등으로 보아 상당한 설득력을 지닌 것으로 평가된다.

학과		학번		학년		이름	

※ 주의 사항

부정행위는 절대 금물

객관식: 각 문제당 1점
주관식: 각 문제에 배점이 적혀 있음
보너스 추가 점수: 12점

〈객관식〉

1. 다음 중 Linux의 특징이 아닌 것은 무엇인가요?
   ① 다중 사용자, 다중 처리 시스템
   ② 뛰어난 안정성과 보안성
   ③ 폭넓은 하드웨어 장치 지원
   ④ 해킹 방지를 위한 네트워크 기능의 제한

2. 다음이 설명하고 있는 단체는 무엇인가요?

> 이 단체는 1984년 리차드 스톨만에 의해서 제창되었으며 자유 소프트웨어를 보호하고 발전시키기 위해 조직되어 현재의 GNU / Linux 운영체제가 있게 한 비영리 단체이다.

   ① MicroSoft   ② GPL
   ③ Anti Software   ④ FSF

3. 다음 중 파일 시스템 관리 명령이 아닌 것은 무엇인가요?

① cp ② cd ③ ls ④ cut

4. 갑작스런 정전으로 인하여 사용 중이던 리눅스 시스템이 종료되었다면, 이런 상황 후 파일 시스템을 점검하기 위해서 사용하는 명령어는 무엇인가요?

① umask ② fsck
③ mkfs ④ chown

5. bash에 대한 설명으로 틀린 것은 무엇인가요?

① Bourne Shell의 기능을 개선한 것이다.
② POSIX와 호환한다.
③ GNU 프로젝트에 의해 만들어지고 배포된다.
④ csh와 같은 계열의 쉘이다.

6. 파이프(Pipe)에 대한 설명으로 알맞은 것은?

① 실행된 명령의 입력을 다른 명령의 출력으로 보내는 도구이다.
② 하나의 명령 행에 여러 개의 파이프를 사용 하는 것도 가능하다.
③ 파이프라인의 각 명력은 하나의 프로세스로 진행된다.
④ 파이프를 만드는 심벌은 >이다.

7. 다음 설명으로 틀린 것은 무엇인가요?

① 리눅스는 동시에 하나 이상의 프로그램을 수향시킬 수 있는 multitasking이 가능하다.
② 리눅스에서 foreground 작업이란 화면에 보여 주면서 실행되는 상태를 말한다.
③ 리눅스에서 background 작업을 위해서는 실행 시 프로그램 이름 뒤에 @를 붙인다.
④ 프로그램이 background에서 실행되는 동안 다른 내용에 대한 작업도 가능하다.

8. 프로세스 관련 설명으로 적절하지 못한 것은 무엇인가요?

① 모든 프로세스의 부모는 init
이다.
② 부모 프로세스가 종료되어도
자식 프로세스는 살아서 활
동한다.
③ signal은 프로세스 간의 통신
수단이라고 할 수 있다.
④ 프로세스는 실행 중인 프로
그램이라고 할 수 있다.

9. top 명령어가 제공하는 정보가
아닌 것은 무엇인가요?
① 총프로세스의 개수
② CPU 사용률
③ CPU 종류
④ 시스템 가동 시간

10. 이미 실행된 프로세스의 우선
순위를 바꿔 주는 명령어는 무엇인
가요?
① nice   ② renice
③ ctr   ④ chjob

11. 다음 중 리눅스에서 사용되는
편집기가 아닌 것은 무엇인가요?
① pico   ② emacs

③ mc   ④ vi

12. vi 에디터 명령 중 편집한 내
용을 저장할 수 있는 명령이 아닌
것은 무엇인가요?
① :w ② :x ③ yy ④ ZZ

13. 리눅스 시스템에서 사용할 수
있는 압축 프로그램이 아닌 것은 무
엇인가요?
① compress   ② bzip2
③ zip   ④ alzip

14. 파일을 압축하는 이유로 틀린
것은 무엇인가요?
① 파일관리의 편의성
② 저장 공간의 절약
③ 다운로드 시간 감소
④ 파일 의존성(Dependancy)확인

15. rpm 명령의 옵션에 대한 설
명으로 틀린 것은 무엇인가요?
① -e: 패키지 삭제
② -i: 패키지 정보 출력
③ --force: 해당 작업을 강제

로 진행

④ －－nodeps: 패키지 의존성
무시

16. 프린터 관련 명령으로 틀린
것은 무엇인가요?
① lprm: 프린트 큐(Queue)에 대
기 중인 프린트 작업을 삭제
한다.
② lpq: 프린트 큐의 상태를 점
검한다.
③ lpc: 프린트 서버 데몬이다.
④ lpr: 프린트 작업을 요청한다.

17. 리눅스 시스템의 장치에 관한
설명으로 틀린 것은 무엇인가요?
① 리눅스 시스템에서는 아직 스
캐너를 사용할 수 없다.
② 로컬 프린터뿐만 아니라 삼
바를 이용해 윈도 시스템에
설치된 프린터도 사용할 수
있다.
③ CD 드라이브가 있으면 사운
드 카드가 없어도 오디오 CD
를 들을 수 있다.

④ / dev 디렉터리에는 가종 장치
에 접근하기 위한 장치 파일
들이 나열되어 있다.

18. Xwindow를 구성하는 요소로
틀린 것은 무엇인가요?
① 프로토콜(Protocol)
② 리로(LILO)
③ 라이브러리(Library)
④ 응용프로그램(Application
Program)

19. 다음 중 윈도우의 포토샵과
같은 합성 이미지 제작을 위한 프로
그램은 무엇인가요?
① vi　　　　② gcc
③ emacs　　　④ gimp

20. 프로토콜과 잘 알려진 포트번
호가 맞게 연결된 것은 무엇인가요?
① POP3: 119　　② SMTP: 21
③ FTP: 25　　④ HTTP: 80

21. Telnet 서비스에 대한 설명으
로 틀린 것은 무엇인가요?

① 원격접속 서비스라고 불린다.

② TCP / IP 기반에서 작동한다.

③ 강력한 보안 기능을 제공한다.

④ Telnet을 사용하기 위해서는 접속하고자 하는 시스템에 사용 가능한 계정이 있어야 한다.

22. DNS와 관련하여 올바르게 설명한 것은 무엇인가요?

① 주 도메인 네임 서버에는 전 세계의 모든 등록된 도메인에 대한 데이터베이스가 저장되어 있다.

② / etc / inittab 파일에 사용하고자 하는 DNS 서버의 주소를 등록한다.

③ 도메인 네임은 전 세계 어떤 언어로든지 표기가 가능하다.

④ IP 주소와 도메인 네임을 매핑시켜 주는 역할을 한다.

23. SMTP에 대한 설명으로 알맞은 것은 무엇인가요?

① 리눅스에서 SMTP를 구현한 프로그램으로는 Pine이 가장

널리 사용된다.

② 일반적으로 110번 포트를 사용한다.

③ TCP / IP 응용 계층 프로토콜의 하나이다.

④ 텍스트 문서의 전송만이 가능하고, 그림이나 소리는 메시지에 포함하여 전송할 수 없다.

24. 다음 중 하나의 클래스 C 네트워크를 두 개의 네트워크로 구성할 경우 서브넷 마스크는 어떻게 되는가요?

① 255.255.255.0

② 255.255.255.11

③ 255.2585.255.21

④ 255.255.255.128

25. 블루투스(Bluetooth)에 대한 설명으로 올바른 것은 무엇인가요?

① 유선 LAN에 비해 속도가 빠르다.

② 디지털 장비를 무선으로 연결시켜 주는 기술이다.

③ 단방향 전송만이 가능하다.

④ 원거리 통신망(WAN)에서 사
용된다.

26. 리눅스 클러스터에 대한 설
명으로 올바른 것은 무엇인가요?
① 직렬 컴퓨터 아키텍처의 일
종이다.
② 현재 PDA에 활발히 이용되
고 있다.
③ 하드웨어에 상관하는 부분이
적어 아키텍처 자체의 호환성
이 좋다.
④ 리눅스가 지원하는 CPU나
Device의 수가 적기 때문에

러스터의 개념이 제한적이다.
27. PDA나 정보가전 등에 리눅
스를 사용하는 임베디드 리눅스 기
술이 유력한 분야로 떠오르고 있습
니다. 그 이유로 가장 알맞은 것은
무엇인가요?
① 가장 많은 메모리를 사용할
수 있는 운영체제이다.
② 공개된 소스를 이용하여 맞
춤화(Customize)가 쉽다.
③ 단일 사용자 환경으로 구성
되어 있다.
④ 특정한 아키텍처에서만 동작
한다.

〈주관식〉

28. 현재 널리 사용되고 있는
Linux의 최초 개발자가 누구이
며, GNU의 의미는 무엇인지 설
명 하세요. (4점)

29. 여러 운영체제 간 멀티 부팅
을 위한 것으로 한 컴퓨터에 2개
이상의 운영체제가 있을 때 원하는

운영체제를 선택하기 위한 것은 무
엇이며, 이것이 위치하는 곳은 어
디인가요? (4점)

30. 사용자의 퍼미션(Permission
=권한)을 확인하는 명령은 무엇인
가요? (2점)

31. 사용자의 권한을 확인하였는데 다음 보기와 같이 퍼미션이 주어졌습니다. 이것을 어떠한 사용자라도 모두 읽고 쓰는 기능이 다 되도록 이니셜을 사용하여 고치는 방법과 8진수를 사용하여 고치는 방법에 대해서 써 보세요. (4점)

```
-rwxr-xr-- 1 master php
07 1024 Aug 16 09:00 hello.c
```

32. umask의 기능을 설명하고, 현재 umask 122로 설정되어 있다면, mkdir test라는 명령을 실행하고, 그것을 확인하면 어떻게 나오는지 직접 써 보세요. (4점)

33. 다음이 설명하는 것은 무엇인가요? (2점)

백그라운드(Background)로 실행된다. 고유한 기능에 해당되는 이벤트가 발생되면 동작한다. 서비스를 제공한 다음 대기 상태로 돌아간다. 시스템 서비스를 지원하는 프로세스이다. 서버의 역할을 수행하거나 그 기능을 도와준다.

34. 다음은 무엇에 관한 설명인지 직접 써 보세요. (2점)

이것은 vi와 함께 리눅스에서 사용되는 가장 널리 알려진 에디터로서 GNU 프로젝트의 산물이다. 또한 단순한 문서 편집기의 기능과 함께 컴파일, 디버깅, 메일, 뉴스, 게임 등까지도 할 수 있을 정도의 폭넓은 확장성을 가지고 있다.

35. Xwindow로 부팅하기 위한 런 레벨(Run Level)은 무엇인가요? (2점)

36. ( )안에 알맞은 말을 넣으세요. (6점)

Xwindow 시스템은 서버/클라이언트로 구성되어 있으며 (①)에 의해 상호작용이 이루어진다. (②)은/는 응용 프로그램을 말하며, (③)은/는 사용자의 입력을 받고 프로그램의 수행 결과를 그래픽 디스플레이로 출력하는 역할을 한다.

(hint. X프로토콜, X서버, X클라이언트)

37. 다음의 디렉터리 구조를 설명해 보세요. (10점)

> /, /bin, /boot, /dev, /home, /lib, /mnt, /usr

38. 다음의 명령어들을 설명하세요. (단, 옵션에 대해서는 설명을 하지 않아도 상관없습니다.) (20점)

> ls, cp, ps, cat, pwd, man, touch, alias, du, df, mkdir, cd, stty

39. vi 에디터로 편집 중인 문서 전체에서 James라는 문자열을 Jane으로 바꾸는 명령을 써 보세요. (4점)

40. 다음의 밑줄 친 RPM 구조를 각각 써 보세요. (5점)

> Kernel-2.6.9-7hs, i386, rpm

41. 다음에 대해서 설명하세요. (5점)

> 라우터, 리피터, 브리지, 게이트웨이

42. 다음의 crontab 파일의 내용은 무엇을 말하는지 설명하세요. (4점)

| 5 | 10 | 6 | 5 | * |
| echo | Happy | Birthday | | |

43. Linux 운영체제의 하드웨어, 커널, 쉘, 그리고 여러 가지 응용프로그램의 상관관계를 그림으로 그려 보세요. (8점)

44. OSI 7계층을 그림으로 그려 보세요. (8점)

45. TCP와 UDP의 차이점을 설명해 보세요. (8점)

46. Linux를 설치하는 일련의 과정을 순서대로 써 보세요. (10점)

47. 저널링 파일 시스템은 무엇이며, 그것의 종류를 3개 이상 써 보세요. (5점)

48. LAN의 전송방식인 CSMA / CD 방식과 토큰링 방식을 설명해 보세요. (8점)

49. LAN을 연결 형태로 분류를
할 수 있습니다. 각각을 그려 보고
설명해 보세요. (10점)

50. Linux 공부를 하시면서 가장
어렵고 난해한 부분이 무엇인지 자
세히 써 보세요. (50점)

지금까지 문제를 열심히 풀어서 대단히 수고 많으셨습니다.

－오버 클럭킹에 관한 보고서－

제목:

학과:

과목:

교수:

학번:

성명:

제출일:

작성자: 조복화(497799@hanmail.net)

전화(☎): (019) 432-9999

CPU의 클럭(Clock) 오버클럭킹(Over Clocking)이란?
오버클럭킹의 안전성 오버클럭킹과 CPU수명과의 관계
오버클럭킹의 성공 여부

1. CPU의 클럭(Clock)

㉠ 클럭이란 사람에 비유하면 '심장박동'과 견줄 수 있습니다. 1㎒라면 1초에 1백만 번의 0과 1이 발생할 수 있는 클럭 주파수입니다. 클럭 주파수가 높으면 그만큼 빨리 명령어를 처리할 수 있게 됩니다.

㉡ 클럭에는 외부 클럭과 내부 클럭이 있습니다. 내부 클럭은 CPU내부에서 발생하는 클럭, 외부 클럭은 CPU 외부와(메모리나 버스) 관계하는 클럭입니다. 버스 클럭은 컴퓨터의 속도에 많은 영향

을 끼칩니다. 일례로 메모리의 액세스는 순전히 버스 클럭에 의존하죠. 즉, 대부분 단순히 내부 클럭이 133, 150을 따지지만 실제로 시스템 성능에는 CPU와 다른 주변 장치들과의 정보 통로인 외부 버스 클럭이 더 크게 작용합니다.

예를 들어 펜티엄 150이 133보다 빠르지만 체감속도는 비슷하다는 이유가 여기 있습니다. 아시는 분은 아시겠지만, 펜티엄 133은 외부 클럭이 66㎒이며 주파수 비율(Frequence Ratio)이 2.0입니다. 그러니까 내부 클럭은 66 × 2.0 = 150이 나오죠. 그렇기 때문에 133을 150으로 오버해서 사용하는 것은 손해입니다. 일단 CPU의 처리 속도는 증가하지만 버스 속도가 감소되어 체감 속도가 뚝 떨어지며, 메모리 Read / Write의 액세스 속도가 10% 이상 감소합니다.

2. 오버클럭킹(Over Clocking)이란?

㉠ CPU가 동작하기 위해서는 해당 클럭을 설정해 주어야 합니다. 그래서 펜티엄의 경우 MMX 166㎒일 때, 외부 클럭 66㎒에 내부 클럭 2.5배를 설정해 주면 166㎒가 됩니다. 이걸 임의로 조정해 속도를 향상하도록 해 주는 것이 오버클럭킹입니다. 쉽게 말해서 외부 클럭 × 내부 클럭 = CPU작동 클럭이란 말입니다. 그리고 오버클럭킹은 모든 시스템에 적용되는 것이 아닙니다.

㉡ 점퍼를 보면 비율(Ratio)이라고 나오는 딥스위치가 있는데 예를 들어 내부 클럭을 3배로 하고 외부 클럭은 75㎒로 택합니다. 그러면

75 × 3 = 255MHz이므로 주파수가 높아져 더 빠른 속도를 내는 거죠. 하지만 반드시 성공한다는 보장이 없고 성공하더라도 여러 문제가 생길 수 있습니다.

3. 오버클럭킹의 안전성

혹시 오버클럭킹으로 CPU가 손상을 입지 않을까 하는 것이 오버클럭킹을 하려는 분이나, 하고 계신 분들이 흔히 갖는 의문인 것 같습니다. CPU라는 것이 수백만 개의 트랜지스터로 만들어져 있습니다. 정상 동작 주파수에서도 쿨러를 달아 주어야 할 정도로 열이 나지요. 열이 심하게 나면 CPU 내의 미크론 단위의 전선들이 합선됩니다. 이 경우에 CPU가 오동작을 하는 것은 당연합니다. 하지만 나중에 열이 식게 되면 다시 원상태대로 돌아오게 됩니다.

하지만 무리하게 오버를 하는 것은 위험하다고 봅니다. 예를 들어 75MHz를 133MHz로 오버하는 것은 CPU에 무리를 줍니다.

4. 오버클럭킹과 CPU수명과의 관계

한 단계 정도나 두 단계 정도는 문제없다고 봅니다. 하지만 두 단계 정도는 샤스타에 장착된 쿨링팬 정도면 충분하다고 봅니다.

5. 오버클러킹의 성공 여부

오버클러킹이 성공했다면 오버클러킹한 값이 나오고 그렇지 않으면 부팅이 되지 않습니다.

2학기 시간표

	월	화	수	목	금
1교시 09:00~09:50	프로그래밍	인터넷과 정보기술	영어회화		
2교시 10:00~10:50					영어회화
3교시 11:00~11:50		영어		영어	
4교시 12:00~12:50					
5교시 13:00~13:50	영어		컴퓨터 개론		
6교시 14:00~14:50					
7교시 15:00~15:50		생명과학		국어와 작문	정치학의 이해
8교시 16:00~16:50					

사내 여행 안내문

○○○○년 ○○월 ○○일

문서번호: 총무 제123호
수　　신: 사원 제위
발　　신: 총무부장
제　　목: 춘계 사내 여행실시와 관련하여

　동료 사원 간의 친목을 도모하고, 예사심의 고취를 위하여 봄을 맞아
사내 여행을 아래와 같이 실시하기로 결정되었으므로 알립니다.

－아　래－

1. 여행기간: ○○○○년 ○○월 ○○일~○○월 ○○일
2. 행 선 지: ○○온천
3. 숙　　박: ○○호텔 (☎ ○○○－○○○－○○○○)
4. 일　　정: ○○일 오후 ○시 새마을호로 서울역 출발
　　　　　　 ○○일 오후 ○○시 ○○분 부산 출발 ○○시 ○○분 서울
역 도착

　　　　　　 서울역 해산

5. 기　　타: 자세한 사항은 각 부서별로 통지함.

이상 끝.

한라산을 다녀와서 …

혜전대학교

식품영양과 1학년

이름: 이순신(李舜臣)

　제주도의 상징이자 대표인 한라산을 간다고 생각하니 왠지 모르게 설렜다.

　한라산은 모양이 동서남북 모두 다르다고 하는데 그중 남쪽인 서귀포 쪽에서 보는 게 제일 멋있다고 한다. 알고 보니 한라산은 화산

활동을 안 하는 사화산이 아니라 잠시 쉬고 있는 휴화산이라고 한다. 나는 지금까지 한라산이 사화산일 줄 알고 있었는데, 한라산이 그 순간에도 화산활동을 할 수 있다는 사실을 알고 약간은 겁이 났다.

한라산은 별명이 4가지라고 하는데 한라산 정상 분화구가 뚜껑을 열어 놓은 솥에 물을 부어 놓은 것 같다 하여 부악이라 하며 머리가 잘려진 것 같다 하여 두무악, 한라산이 조선을 남쪽에서 지킨다 하여 진산, 마지막으로 한라산이 신성하게 여겨졌음을 알 수 있는 영주라는 별명으로 총 네 가지의 참 재미있는 별명을 가지고 있었다.

또, 한라산 하면 빼먹을 수 없는 기생화산은 제주도 방언으로 오름이라 하며 기생화산은 주화산인 한라산이 폭발할 당시 그 화도(마그마가 올라오는 길)가 가지처럼 옆으로 뻗어 군데군데 생긴 조그만 봉우리이다.

이러한 오름들은 한라산 정상에서 바라보면 동쪽에서 주로 볼 수 있는데, 이 오름의 모양새는 가지각색이라 어느 것은 경사가 완만한 오름이고 어느 것은 경사가 급한 오름 등 표현하기가 힘들 정도로 가지각색의 모습을 갖추고 있었다.

기미독립선언문(원문)

1. 吾等(오등)은 玆(자)에 我(아) 朝鮮(조선)의 獨立國(독립국)임과 朝鮮人(조선인)의 自主民(자주민)임을 宣言(선언)하노라. 此(차)로써 世界萬邦(세계만방)에 告(고)하야 人類平等(인류 평등)의 大義(대의)를 克明(극명)하며, 此(차)로써 子孫萬代(자손만대)에 誥(고)하야 民族自存(민족자존)의 政權(정권)을 永有(영유)케 하노라.

2. 半萬年(반만년) 歷史(역사)의 權威(권위)를 仗(장)하야 此(차)를 宣言(선언)함이며, 二千萬(이천만) 民衆(민중)의 誠忠(성충)을 合(합)하야 此(차)를 佈明(포명)함이며, 民族(민족)의 恒久如一(항구여일)한 自由發展(자유발전)을 爲(위)하야 此(차)를 主張(주장)함이며, 人類的(인류적) 良心(양심)의 發露(발로)에 基因(기인)한 世界改造(세계개조)의 大機運(대기운)에 順應幷進(순응병진)하기 爲(위)하야 此(차)를 提起(제기)함이니, 是(시)ㅣ 天(천)의 明命(명명)이며, 時代(시대)의 大勢(대세)ㅣ며, 全人類(전 인류) 共存同生權(공존동생권)의 正當(정당)한 發動(발동)이라, 天下何物(천하 하물)이던지 此(차)를 沮止抑制(저지 억제)치 못할지니라.

3. 舊時代(구시대)의 遺物(유물)인 侵略主義(침략주의), 强權主義(강권주의)의 犧牲(희생)을 作(작)하야 有史以來(유사 이래) 累千年(누천 년)에 처음으로 異民族(이민족) 箝制(겸제)의 痛苦(통고)를 嘗(상)한 지今(금)에 十年(십 년)을 過(과)한지라. 我(아) 生存權(생존권)의 剝喪(박상)됨이 무릇 幾何(기하)ㅣ며, 心靈上(심령상) 發展(발전)의 障碍(장애)됨이 무릇 幾何(기하)

ㅣ며, 民族的(민족적) 尊榮(존영)의 毀損(훼손)됨이 무릇 幾何(기하)ㅣ며, 新銳(신예)와 獨創(독창)으로써 世界文化(세계문화)의 大潮流(대조류)에 寄與補裨(기여보비)할 奇緣(기연)을 遺失(유실)함이 무릇 幾何(기하)ㅣ뇨.

4. 噫(희)라, 舊來(구래)의 抑鬱(억울)을 宣暢(선창)하려 하면, 時下(시하)의 苦痛(고통)을 파탈하려 하면 장래의 협위를 삼제하려 하면, 民族的(민족적) 良心(양심)과 國家的(국가적) 廉義(염의)의 壓縮銷殘(압축소잔)을 興奮伸張(흥분신장)하려 하면, 各個(각개) 人格(인격)의 正當(정당)한 發達(발달)을 遂(수)하려 하면, 可憐(가련)한 子弟(자제)에게 苦恥的(고치적) 財産(재산)을 遺與(유여)치 안이 하려 하면, 子子孫孫(자자손손)의 永久完全(영구완전)한 慶福(경복)을 導迎(도영)하려 하면, 最大急務(최대급무)가 民族的(민족적) 獨立(독립)을 確實(확실)케 함이니, 二千萬(이천만) 各個(각개)가 人(인)마다 方寸(방촌)의 刃(인)을 懷(회)하고, 人類通性(인류통성)과 時代良心(시대양심)이 正義(정의)의 軍(군)과 人道(인도)의 干戈(간과)로써 護援(호원)하는 今日(금일), 吾人(오인)은 進(진)하야 取(취)하매 何强(하강)을 挫(좌)치 못하랴. 退(퇴)하야 作(작)하매 何志(하지)를 展(전)치 못하랴.

5. 丙子修好條規(병자 수호 조규) 以來(이래) 時時種種(시시종종)의 金石盟約(금석맹약)을 食(식)하얏다 하야 日本(일본)의 無信(무신)을 罪(죄)하려 안이 하노라. 學者(학자)는 講壇(강단)에서, 政治家(정치가)는 實際(실제)에서, 我(아) 祖宗世業(조종세업)을 植民地視(식민지시)하고, 我(아) 文化民族(문화민족)을 土昧人遇(토매인우)하야, 한갓 征服者(정복자)의 快(쾌)를 貪(탐)할 뿐이오, 我(아)의 久遠(구원)한 社會基礎(사회기초)와 卓落(탁락)한 民族心理(민족심리)를 無視(무시)한다 하야 日本(일본)의 少義(소의)함을 責(책)하려 안이 하노라. 自己(자기)를 策勵(책려)하기에 急(급)한 吾人(오인)은 他(타)의 怨尤(원우)를 暇(가)치 못하노라. 現在(현재)를 綢繆(주무)하기에 急(급)한 吾人(오인)은 宿昔(숙석)의 懲辯(징변)을 暇(가)치 못하노라.

6. 今日(금일) 吾人(오인)의 所任(소임)은 다만 自己(자기)의 建設(건설)

이 有(유)할 뿐이오, 決(결)코 他(타)의 破壞(파괴)에 在(재)치 안이 하도다. 嚴肅(엄숙)한 良心(양심)의 命令(명령)으로써 自家(자가)의 新運命(신운명)을 開拓(개척)함이오, 決(결)코 舊怨(구원)과 一時的(일시적) 感情(감정)으로써 他(타)를 嫉逐排斥(질축배척)함이 안이로다. 舊思想(구사상), 舊勢力(구세력)에 기미(기미)된 日本(일본) 爲政家(위정가)의 功名的(공명적) 犧牲(희생)이 된 不自然(부자연), 又(우) 不合理(불합리)한 錯誤狀態(착오상태)를 改善匡正(개선광정)하야, 自然(자연), 又(우) 合理(합리)한 政經大原(정경대원)으로 歸還(귀환)케 함이로다.

7. 當初(당초)에 民族的(민족적) 要求(요구)로서 出(출)치 안이 한 兩國倂合(양국병합)의 結果(결과)가, 畢竟(필경) 姑息的(고식적) 威壓(위압)과 差別的(차별적) 不平(불평)과 統計數字上(통계숫자상) 虛飾(허식)의 下(하)에서 利害相反(이해상반)한 兩(양) 民族間(민족 간)에 永遠(영원)히 和同(화동)할 수 없는 怨溝(원구)를 去益深造(거익심조)하는 今來實積(금래실적)을 觀(관)하라. 勇明果敢(용명과감)으로써 舊誤(구오)를 廓正(확정)하고, 眞正(진정)한 理解(이해)와 同情(동정)에 基本(기본)한 友好的(우호적) 新局面(신국면)을 打開(타개)함이 彼此間(피차간) 遠禍召福(원화소복)하는 捷徑(첩경)임을 明知(명지)할 것 안인가.

8. 또 二千萬(이천만) 含憤蓄怨(함분축원)의 民(민)을 威力(위력)으로써 拘束(구속)함은 다만 東洋(동양)의 永久(영구)한 平和(평화)를 保障(보장)하는 所以(소이)가 안일 뿐 안이라, 此(차)로 因(인)하야 東洋安危(동양안위)의 主軸(주축)인 四億萬(사억만) 支那人(지나인)의 日本(일본)에 對(대)한 危懼(위구)와 猜疑(시의)를 갈수록 濃厚(농후)케 하야, 그 結果(결과)로 東洋(동양) 全局(전국)이 共倒同亡(공도동망)의 悲運(비운)을 招致(초치)할 것이 明(명)하니, 今日(금일) 吾人(오인)의 朝鮮獨立(조선독립)은 朝鮮人(조선인)으로 하여금 邪路(사로)로서 出(출)하야 東洋(동양) 支持者(지지자)인 重責(중책)을 全(전)케 하는 것이며, 支那(지나)로 하여금 夢寐(몽매)에도 免

(면)하지 못하는 不安(불안), 恐怖(공포)로서 脫出(탈출)케 하는 것이며, 또 東洋平和(동양평화)로 重要(중요)한 一部(일부)를 삼는 世界平和(세계평화), 人類幸福(인류행복)에 必要(필요)한 階段(계단)이 되게 하는 것이라. 이 엇지 區區(구구)한 感情上(감정상) 問題(문제)ㅣ리오.

9. 아아, 新天地(신천지)가 眼前(안전)에 展開(전개)되도다. 威力(위력)의 時代(시대)가 去(거)하고 道義(도의)의 時代(시대)가 來(내)하도다. 過去(과거) 全世紀(전세기)에 鍊磨長養(연마장양)된 人道的(인도적) 精神(정신)이 바야흐로 新文明(신문명)의 曙光(서광)을 人類(인류)의 歷史(역사)에 投射(투사)하기 始(시)하도다. 新春(신춘)이 世界(세계)에 來(내)하야 萬物(만물)의 回蘇(회소)를 催促(최촉)하도다. 凍氷寒雪(동빙한설)에 呼吸(호흡)을 閉蟄(폐칩)한 것이 彼一時(피일시)의 勢(세)ㅣ라 하면 和風暖陽(화풍난양)에 氣脈(기맥)을 振舒(진서)함은 此一時(차일시)의 勢(세)ㅣ니, 天地(천지)의 復運(복운)에 際(제)하고 世界(세계)의 變潮(변조)를 乘(승)한 吾人(오인) 아모 躊躇(주저)할 것 업스며, 아모 忌憚(기탄)할 것 업도다. 我(아)의 固有(고유)한 自由權(자유권)을 護全(호전)하야 生旺(생왕)의 樂(낙)을 飽享(포향)할 것이며, 我(아)의 自足(자족)한 獨創力(독창력)을 發揮(발휘)하야 春滿(춘만)한 大界(대계)에 民族的(민족적) 精華(정화)를 結紐(결뉴)할지로다.

10. 吾等(오등)이 滋(자)에 奮起(분기)하도다. 良心(양심)이 我(아)와 同存(동존)하며 眞理(진리)가 我(아)와 幷進(병진)하도다. 男女老少(남녀노소) 업시 陰鬱(음울)한 古巢(고소)로서 活潑(활발)히 起來(기래)하야 萬彙群象(만휘군상)으로 더부러 欣快(흔쾌)한 復活(복활)을 成遂(성수)하게 되도다. 千百世(천 백세) 祖靈(조령)이 吾等(오등)을 陰佑(음우)하며 全世界(전 세계) 氣運(기운)이 吾等(오등)을 外護(외호)하나니, 着手(착수)가 곳 成功(성공)이라. 다만, 前頭(전두)의 光明(광명)으로 驀進(맥진)할 따름인뎌.

公約三章(공약 삼 장)

一. 今日(금일) 吾人(오인)의 此擧(차거)는 正義(정의), 人道(인도), 生存(생존), 尊榮(존영)을 爲(위)하는 民族的(민족적) 要求(요구) ㅣ니, 오즉 自由的(자유적) 精神(정신)을 發揮(발휘)할 것이오, 決(결)코 排他的(배타적) 感情(감정)으로 逸走(일주)하지 말라.

一. 最後(최후)의 一人(일인)까지, 最後(최후)의 一刻(일각)까지 民族(민족)의 正當(정당)한 意思(의사)를 快(쾌)히 發表(발표)하라.

一. 一切(일체)의 行動(행동)은 가장 秩序(질서)를 尊重(존중)하야, 吾人(오인)의 主張(주장)과 態度(태도)로 하여금 어대까지던지 光明正大(광명정대)하게 하라.

단 만들기 실습

서시	광야
윤동주	이육사

죽는 날까지 하늘을 우러러
한 점 부끄럼이 없기를
잎새에 이는 바람에도
나는 괴로워했다
별을 노래하는 마음으로
모든 죽어 가는 것들을 사랑
해야지
그리고 나한테 주어진 길을
걸어가야겠다

오늘밤에도 별이 바람에 스
친다

까마득한 날에
하늘이 처음 열리고
어디 닭 우는 소리 들렸으랴

모든 산맥들이
바다를 연모(戀慕)해 휘달릴
때도
차마 이곳을 범(犯)하진 못하
였으리라

끊임없는 광음(光陰)을
부지런한 계절이 피어선 지고
큰 강물이 비로소 길을 열었다

지금 눈 내리고
매화 향기 홀로 아득하니
내 여기 가난한 노래의 씨를
뿌려라

다시 천고(千古)의 뒤에
백마 타고 오는 초인(超人)이
있어
이 광야에서 목 놓아 부르게
하리라

허생전(許生傳)

허생은 묵적골(墨積泪)에 살았다. 곧장 남산(南山) 밑에 닿으면, 우물 위에 오래된 은행나무가 서 있고, 은행나무를 향하여 사립문이 열리었는데, 두어 칸 초가는 비바람을 막지 못할 정도였다. 그러나 허생은 글 읽기만 좋아하고 그의 처가 남의 바느질품을 팔아서 입에 풀칠을 했다.

하루는 그 처가 몹시 배가 고파서 울음 섞인 소리로 말했다.

"당신은 평생 과거(科擧)를 보지 않으니 글을 읽어 무엇 합니까?"

허생이 웃으며 대답했다.

"나는 아직 독서를 익숙히 하지 못하였소."

"그럼 장인바치 일이라도 못 하시나요?"

"장인바치 일은 본래 배우지 않았는 걸 어떻게 하겠소."

"그럼 장사는 못 하시나요?"

"장사는 밑천이 없는 걸 어떻게 하겠소."

처는 왈칵 성을 내서 소리쳤다.

"밤낮으로 글을 읽더니 기껏 '어떻게 하겠소.' 소리만 배웠단 말씀이오? 장인바치 일도 못 한다 장사도 못 한다면 왜 도둑질이라도 못 하시오?"

허생은 읽던 책을 덮어 놓고 일어나면서

“아깝다. 내가 당초 글 읽기로 10년을 기약했는데 이제 7년인
걸…….”

하고 휙 문밖으로 나가 버렸다.

허생은 거리에 서로 알 만한 사람이 없었다. 바로 운종가(雲從街)
로 나가서 시중의 사람을 붙들고 물었다.

“누가 서울 상중에서 제일 부자요?”

변 씨(卞氏)를 말해 주는 이가 있어서 허생이 곧 변 씨의 집을 찾
아갔다. 허생은 변 씨를 대하여 길게 읍(揖)하고 말했다.

“내가 집이 가난해서 무얼 좀 해보려고 하나 만 냥을 꾸어 주시
기 바랍니다.”

변 씨는

“그러시오.”

하고 당장 만 냥을 내어 주었다. 허생은 감사하다는 인사도 없이
가 버렸다. 변 씨 집의 자제와 손들이 허생을 보니 거지였다. 실띠
의 술이 빠져 너덜너덜하고, 갓신의 뒷굽이 자빠졌으며, 쭈그러진 갓
에 허름한 도포를 걸치고, 코에서 맑은 콧물이 흘렀다. 허생이 나가
자 모두들 어리둥절해서 물었다.

“저이를 아시나요?”

“모르지.”

“아니, 이제 하루아침에 평생 누군지도 알지 못하는 사람에게 만
냥을 그냥 내던져 버리고 성명도 묻지 않으시다니, 대체 무슨 영문
인가요?”

변 씨가 말하는 것이었다.

“이건 너희들이 알 바 아니다. 대체로 남에게 무엇을 빌리러 오는

사람은 으레 자기 뜻을 대단히 선전하고 신용을 자랑하면서도 비굴한 빛이 얼굴에 나타나고 말을 중언부언하기 마련이다. 그런데 저 객은 형색은 허술하지만 말이 간단하고 눈을 오만하게 뜨며, 얼굴에 부끄러운 기색이 없는 것으로 보아서 재물이 없어도 스스로 만족할 수 있는 사람이다. 그 사람이 해보겠다는 일이 적은 일이 아닐 것이매 나 또한 그를 시험해 보려는 것이다. 안 주면 모르되 이왕 만 냥을 주는 바에 성명은 물어 무엇 하겠느냐?"

허생은 만 냥을 입수하자 다시 자기 집에 들르지도 않고 바로 안성(安城)으로 내려갔다. 안성은 경기도, 충청도, 사람들이 마주치는 곳이요, 삼남(三南)의 길목이기 때문이다. 거기서 대추, 밤, 감, 배며, 석류, 귤, 유자 등속의 과일을 모조리 곱절의 값으로 사들였다. 허생이 과일을 몽땅 쓸었기 때문에 온 나라가 잔치나 제사를 못 지낼 형편에 이르렀다. 얼마 안 가서 허생에게 배 값으로 과일을 팔았던 상인들은 도리어 10배의 값을 주고 사 가게 되었다. 허생이 길게 한숨을 내쉬었다.

"만 냥으로 온갖 과일의 값을 좌우했으니 우리나라의 형편을 알만하구나."

그는 다시 칼, 호미, 포목 따위를 가지고 제주도(濟州道)에 건너가서 말총을 죄다 사들이면서 말했다.

"몇 해 지나면 나라 안의 사람들이 머리를 싸매지 못할 것이다."

허생이 이렇게 말하고 얼마 안 가서 과연 망건 갓이 10배로 뛰어올랐다.

허생은 늙은 사공을 만나 말을 물었다.

"바다 밖에 혹시 사람이 살 만한 빈 섬이 없던가?"

"있습지요. 언젠가 풍파를 만나 서쪽으로 줄곧 사흘 동안을 흘러 가서 어떤 빈 섬에 닿았습지요. 아마 사문(沙門)과 장기(長崎)의 중간쯤 될 겁니다. 꽃과 나무는 제멋대로 무성하여 과일 열매가 절로 익어 있고, 짐승들이 떼 지어 놀며, 물고기들이 사람을 보고도 놀라지 않습니다."

그는 대단히 기뻐

"자네가 만약 나를 그곳에 데려다 준다면 함께 부귀를 누릴 걸세."
라고 말하니 사공이 그러기로 승낙을 했다.

드디어 바람을 타고 동남쪽으로 가서 그 섬에 이르렀다. 허생은 높은 곳에 올라가서 사방을 둘러보고 실망하여 말했다.

"땅이 천 리도 못 되니 무엇을 해보겠는가. 토지가 비옥하고 물이 좋으니 단지 부가옹(富家翁)은 될 수 있겠구나."

"텅 빈 섬에 사람이라곤 하나도 없는데 대체 누구와 더불어 사신단 말씀이요?"

사공의 말이었다.

"덕(德)이야 있으면 사람이 절로 모인다네. 덕이 없을까 두렵지 사람이 없는 것이야 근심할 것이 있겠나?"

이때 변산(邊山)에 수천의 군도(群盜)들이 우글거리고 있었다. 각 지방에서 군사를 징발하여 군도의 수색을 벌였으나 좀처럼 잡히지 않았고 군도들도 감히 나아가 활동을 못 해서 배고프고 곤란한 판이었다. 허생이 군도의 산채를 찾아가서 우두머리를 달래었다.

"천명이 천 냥을 빼앗아 와서 나누면 하나 앞에 얼마씩 돌아가지요?"

"일인당 한 냥이지요."

"모두 아내가 있소?"

“없소.”

“논밭은 있소?”

군도들이 어이없어 웃었다.

“땅이 있고 처자식이 있는 놈이 무엇 하러 괴롭게 도둑이 된단 말이요?”

“정말 그렇다면 왜 아내를 얻고, 집을 짓고, 소를 사서 논밭을 갈고 지내려 않는가? 그럼 도둑놈 소리를 안 듣고 살면서, 집에 부부의 낙(樂)이 있을 것이요, 돌아다녀도 잡힐까 걱정을 않고 길이 의식의 요족을 누릴 텐데.”

“아니 왜 바라지 않겠소? 다만 돈이 없어 못 할 뿐이지요.”

허생은 웃으며 말했다.

“도둑질을 하면서 어찌 돈을 걱정할까? 내가 능히 당신들을 위해서 마련할 수 있소. 내일 바다에 나와 보오. 붉은 깃발을 단 것이 모두 돈을 실은 배이니 마음대로 가져가구려.”

허생이 군도와 언약하고 내려가자 군도들은 모두 그를 미친놈이라고 비웃었다.

다음날 군도들이 바닷가에 나가 보았더니 과연 허생이 30만 냥의 돈을 싣고 온 것이었다. 모두들 대경(大驚)해서 허생 앞에 줄지어 절했다.

“오직 장군의 명령을 따르겠소이다.”

“너희 힘대로 짊어지고 가거라.”

이에 군도들이 다투어 돈을 짊어졌으나 한 사람이 백 냥 이상을 지지 못했다.

“너희들 힘이 한껏 백 냥도 못 지면서 무슨 도둑질을 하겠느냐?

이제 너희들이 양민(良民)이 되려고 해도 이름이 도둑의 장부에 올랐으니 갈 곳이 없다. 내가 여기서 너희들을 기다릴 것이니 한 사람이 백 냥씩 가지고 가서 여자 하나 소 한 필을 거느리고 오너라."

허생의 말에 군도들은 모두 좋다고 흩어져 갔다.

허생은 몸소 2천 사람이 1년 먹을 양식을 준비하고 기다렸다. 군도들이 빠짐없이 모두 돌아왔다. 드디어 다들 배에 싣고 그 빈 섬으로 들어갔다. 허생이 도둑을 몽땅 쓸어 가서 나라 안에 시끄러운 일이 없었다.

그들은 나무를 베어 집을 짓고, 대를 엮어 울을 만들었다. 땅 기운이 온전하기 때문에 백곡이 잘 자라서, 한 해나 세 해만큼 걸러 짓지 않아도 한 줄기에 아홉 이삭이 달렸다. 3년 동안의 양식을 비축해 두고 나머지를 모두 배에 싣고 장기도(長綺島)로 가서 팔았다. 장기라는 곳은 30만여 호나 되는 일본(日本)의 속주(屬州)이다. 그 지방이 한참 흉년이 들어서 구휼하고 은 백만 냥을 얻게 되었다.

허생이 탄식하면서

"이제 나의 조그만 시험이 끝났구나."

하고, 이에 남녀 2천 명을 모아 놓고 말했다.

"내가 처음에 너희들과 이 섬에 들어올 때엔 먼저 부(富)하게 한 연후에 따로 문자를 만들고 의관(衣冠)을 새로 제정하려 하였더니라. 그런데 땅이 좁고 덕이 엷으니 나는 이제 여기를 떠나련다. 다만 아이들을 낳거들랑 오른손에 숟가락을 쥐고 하루라도 먼저 난 사람이 먼저 먹도록 양보케 하여라."

다른 배들을 모조리 불사르면서

"가지 않으면 오는 이도 없으렷다."

하고 돈 50만 냥을 바다 가운데 던지며

"바다가 마르면 주워 갈 사람이 있겠지. 백만 냥은 우리나라에도 용납할 곳이 없거늘 하물며 이 작은 섬에서야!"

했다. 그리고 글을 아는 자들을 모조리 함께 배에 태우면서

"이 섬에 화근을 없애야 되지." 했다.

허생은 나라 안을 두루 돌아다니며 가난하고 의지 없는 사람들을 구제했다. 그리고도 은이 10만 냥이 남았다.

"이건 변 씨에게 갚을 것이다."

허생이 가서 변 씨를 보고

"나를 알아보시겠소?"

하고 묻자 변 씨는 놀라 말했다.

"그대의 안색이 조금도 나아지지 않았으니 혹시 만 냥을 실패 보지 않았소?"

허생이 웃으며

"재물에 의해서 얼굴에 기름이 도는 것은 당신들 일이오. 만 냥이 어찌 도(道)를 살찌게 하겠소?"

하고 10만 냥을 변 씨에게 내놓았다.

"내가 하루아침의 주림을 견디지 못하고 글 읽기를 중도에 폐하고 말았으니 당신에게 만 냥을 빌렸던 것이 부끄럽소."

변 씨는 대경해서 일어나 절하여 사양하고 십분의 일로 이자를 쳐서 받겠노라 했다. 허생이 잔뜩 역정을 내어

"당신은 나를 장사치로 보는가?"

하고는 소매를 뿌리치고 가 버렸다.

변 씨는 가만히 그의 뒤를 따라갔다. 허생이 남산 밑으로 가서 조

그만 초가로 들어가는 것이 멀리서 보였다. 한 늙은 할미가 우물터에서 빨래하는 것을 보고 변 씨가 말을 걸었다.

"저 조그만 초가가 누구의 집이요?"

"허생원 댁입지요. 가난한 형편에 글공부만 좋아하더니 하루아침에 집을 나가서 5년이 지나도록 돌아오지 않으시고, 시방 부인이 혼자 사는데 집을 나간 날로 제사를 지냅지요."

변 씨는 비로소 그의 성이 허씨라는 것을 알고 탄식하며 돌아갔다.

이튿날 변 씨는 받은 돈을 모두 가지고 그 집을 찾아가서 돌려주려 했으나 허생은 받지 않고 거절하였다.

"내가 부자가 되고 싶었다면 백만 냥을 버리고 십만 냥을 받겠소? 이제부턴 당신의 도움으로 살아가겠소. 당신은 가끔 나를 와서 보고 양식이나 떨어지지 않고 옷이나 입도록 하여 주오. 일생을 그러면 족하지요. 왜 재물 때문에 정신을 괴롭힐 것이요."

변 씨가 허생을 여러 가지로 권유하였으나 끝끝내 어찌할 도리가 없었다. 변 씨는 그때부터 허생의 집에 양식이나 옷이 떨어질 때쯤 되면 몸소 찾아가 도와주었다. 허생은 그것을 흔연히 받아들였으나 혹 많이 가지고 가면 좋지 않은 기색으로

"나에게 재앙을 갖다 맡기면 어찌하오?"

하였고, 혹 술병을 들고 찾아가면 아주 반가워하며 서로 술잔을 기울여 취하도록 마셨다.

이렇게 몇 해를 지나는 동안에 두 사람 사이에 정의가 날로 두터워 갔다. 어느 날 변 씨가 5년 동안에 어떻게 백만 냥이나 되는 돈을 벌었던가를 조용히 물어보았다. 허생이 대답하기를,

"그야 가장 알기 쉬운 일이지요. 조선이란 나라는 배가 외국에 통

하질 않고, 수레가 나라 안에 다니질 못해서 온갖 물화가 제자리에 나서 제자리에서 사라지지요. 무릇 천 냥은 적은 돈이라 한 가지 물종(物種)을 독점할 수 없지만 그것을 열로 쪼개면 백 냥이 열이라 또한 열 가지 물건을 살 수 있겠지요. 단위가 적으면 굴리기 쉬운 고로 한 물건에서 실패를 보더라도 다른 아홉 가지의 물건에서 재미를 볼 수 있으니 이것은 보통 이(利)를 취하는 방법으로 조그만 장사치들이 하는 짓 아니요. 대개 만 냥을 가지면 족히 한 가지 물종을 독점할 수 있는 고로 수레면 수레 전부, 배면 배를 전부, 한 고을이면 한 고을을 전부 마치 총총한 그물로 훑어 내듯 할 수 있지요. 뭍에서 나는 만 가지 중에 한 가지를 슬그머니 독점하고, 물에서 나는 만 가지 중에 슬그머니 하나를 독점하고, 의원의 만 가지 약재 중에 슬그머니 하나를 독점하면, 한 가지 물종이 한곳에 묶여 있는 동안 모든 장사치들이 고갈될 것이매 이는 백성을 해치는 길이 될 것입니다. 후세에 당국자들이 만약 나의 이 방법을 쓴다면 반드시 나라를 병들게 만들 것이오."

(중략)

변 씨가 이번에는 딴 이야기를 꺼냈다.

"방금 사대부들이 남한산성(南漢山城)에서 오랑캐에게 당했던 치욕을 씻어 보고자 하니 지금이야말로 지혜로운 선비가 팔뚝을 뽐내고 일어설 때가 아니겠소? 선생의 그 재주로 어찌 괴롭게 파묻혀 지내려 하십니까?"

"어허, 자고로 묻혀 지낸 사람이 한둘이었겠소? 우선 졸수재(拙修

齋) 조성기(趙聖期) 같은 분은 적국(敵國)에 사신으로 보낼 만한 인물이었건만 베잠방이로 늙어 죽었고, 반계(磻溪居士) 유형원(柳馨遠) 같은 분은 군량(軍糧)을 조달할 만한 재능이 있었건만 저 바닷가에서 소용하고 있지 않습니까. 지금의 집정자들은 가히 알 만한 것들이지요. 나는 장사를 잘하는 사람이라, 내가 번 돈이 족히 구왕(九王)의 머리를 살 만하였으되 바다 속에 던져 버리고 돌아온 것은 도대체 쓸 곳이 없기 때문이었지요."

변 씨는 한숨만 내쉬고 돌아갔다.

변 씨는 본래 이완(李浣) 이 정승과 잘 아는 사이였다. 이완이 당시 어영대장이 되어서 변 씨에게 위항(委巷)이나 여염(閭閻)에 혹시 쓸 만한 인재가 없는가를 물었다. 변 씨가 허생의 이야기를 하였더니 이 대장은 깜짝 놀라면서

"기이하다. 그게 정말인가? 그의 이름이 무엇이라 하던가?"

하고 묻는 것이었다.

"소인이 그분과 상종해서 잡년이 지나도록 여태껏 이름도 모르옵니다."

"그인 이인(異人)이야. 자네와 같이 가 보세."

밤에 이 대장은 구종들도 다 물리치고 변 씨만 데리고 걸어서 허생을 찾아갔다. 변 씨는 이 대장을 문밖에 서서 기다리게 하고 혼자 먼저 들어가서, 허생을 보고 이 대장이 몸소 찾아온 연유를 이야기했다. 허생은 못 들은 체하고

"당신 차고 온 술병이나 어서 이리 내놓으시오."

했다. 그리하여 즐겁게 술을 들이켜는 것이었다. 변 씨는 이 대장을 밖에 오래 서 있게 하는 것이 민망해서 자주 말하였으나 허생은

대꾸도 않다가 야심해서 비로소 손을 부르게 하는 것이었다. 이 대장이 방에 들어와도 허생은 자리에서 일어서지도 않았다. 이 대장은 몸 둘 곳을 몰라 하며 나라에서 어진 인재를 구하는 뜻을 설명하자 허생은 손을 저으며 막았다.

"밤은 짧은데 말이 길어서 듣기에 지루하다. 너는 지금 무슨 벼슬에 있느냐?"

"대장이오."

"그렇다면 너는 나라의 신임받는 신하로군. 내가 와룡선생(臥龍先生) 같은 이를 천거하겠으니 네가 임금께 아뢰어서 삼고초려(三顧草廬)를 하게 할 수 있겠느냐?"

이 대장은 고개를 숙이고 한참 생각하더니

"어렵습니다. 제이(第二)의 계책을 듣고자 하옵니다." 했다.

"나는 원래 '제이'라는 것은 모른다."

하고 허생은 외면하다가 이 대장의 간청에 못 이겨 말을 이었다.

"명(明)나라 장졸들이 조선은 옛 은혜가 있다고 하여, 그 자손들이 많이 우리나라로 망명해 와서 정처 없이 떠돌고 있으니, 너는 조정에 청하여 종실(宗室)의 딸들을 내어 모두 그들에게 시집보내고, 훈척(勳戚) 권귀(權貴)의 집을 빼앗아서 그들에게 나누어 주게 할 수 있겠느냐?"

이 대장은 또 머리를 숙이고 한참을 생각하더니

"어렵습니다." 했다.

"이것도 어렵다 저것도 어렵다 하면 도대체 무슨 일을 하겠느냐? 가장 쉬운 일이 있는데 네가 능히 할 수 있겠느냐?"

"말씀을 듣고자 하옵니다."

"무릇 천하에 대의(大義)를 외치려면 먼저 천하의 호걸들과 접촉하여 결탁하지 않고는 안 되고, 남의 나라를 치려면 먼저 첩자를 보내지 않고는 성공할 수 없는 법이다. 지금 만주 정부가 갑자기 천하의 주인이 되어서 중국 민족과는 친근해지지 못하는 판에, 조선이 다른 나라보다 먼저 섬기게 되어 저들이 우리를 가장 믿는 터이다. 진실로 당(唐)나라 원(元)나라 때처럼 우리 자제들이 유학 가서 벼슬까지 하도록 허용해 줄 것과, 상인의 출입을 금하지 말도록 할 것을 간청하면 저들도 반드시 자기네에게 친근하려 함을 보고 기뻐 승낙할 것이다. 국중의 자제들을 가려 뽑아 머리를 깎고 되놈의 옷을 입혀서, 그중 선비는 가서 빈공과(賓貢科)에 응시하고 또 서민은 멀리 강남(江南)에 건너가서 장사를 하면서, 저 나라의 실정을 정탐하는 한편 저 땅의 호걸들과 결탁한다면 한번 천하를 뒤집고 국치를 씻을 수 있을 것이다. 그리고 만약 명나라 황족에서 구해도 사람을 얻지 못할 경우 천하의 제후(諸侯)를 거느리고 적당한 사람을 하늘에 천거한다면, 잘되면 대국(大國)의 스승이 될 것이고, 못 되어도 백구지국(伯舅之國)의 지위를 잃지 않을 것이다."

이 대장은 힘없이 말했다.

"사대부들이 모두 조심스럽게 예법(禮法)을 지키는데 누가 변발(辮髮)을 하고 호복(胡服)을 입으려 하겠습니까?"

허생은 크게 꾸짖어 말했다.

"소위 사대부란 것들이 무엇이란 말이냐. 오랑캐 땅에서 태어나 자칭 사대부라 뽐내다니 이런 어리석을 데가 있느냐. 의복은 흰옷을 입으니 그것이야말로 상인(喪人)이나 입는 것이고, 머리털을 한데 묶어 송곳같이 만드는 것은 남쪽 오랑캐의 습속에 지나지 못한데 대체 무엇을 가지고 예법이라 한단 말인가. 번오기(繁汚期)는 원수를 갚기 위해서 자신의 머리를 아끼지 않았고 무령왕(武靈王)은 나라를 강성하게 만들기 위해서 되놈의 옷을 부끄럽게 여기지 않았다. 이제 대명(大明)을 위해 원수를 갚겠다 하면서 그까짓 머리털 하나를 아끼고 또 장차 말을 달리고 칼을 쓰고 창을 던지며 활을 당기고 돌을 던져야 할 판국에 넓은 소매의 옷을 고쳐 입지 않고 딴에 예법이라고 한단 말이냐? 내가 세 가지를 들어 말하였는데 너는 한 가지도 행하지 못한다면서 그래도 신임받는 신하라 하겠는가? 신임받는 신하라는 게 참으로 이렇단 말이냐? 너 같은 자는 칼로 목을 잘라야 할 것이다."

하고 좌우를 돌아보며 칼을 찾아서 찌르려 했다. 이 대장은 놀라서 일어나 급히 뒷문으로 뛰쳐나가 도망쳐서 돌아갔다.

다음날 다시 찾아가 보았더니 집이 텅 비어 있고, 허생은 간 곳이 없었다.

어떤 이는 말하기를 허생은 명나라의 유민(遺民)일 것이라고 한다.

숭정(崇禎) 갑신(甲申)년 후로 명나라에서 망명해 온 사람이 많았으니 그도 혹 그중의 하나였다면 성씨 또한 꼭 허씨인지도 알 수 없는 일이다.

글상자 하이퍼링크 속성 지정하기 연습
연암 박지원 – 허생전 中

REPORT

제목: 다음 경우의 직업 또는 환경에 가장 적합하다고 생각되는 입력장치를 제안하라.

☆학　　　　부: E－business

☆학　　　　번: 0000000

☆과　목　명: 전산개론

　　　　　☆담당교수님: 한만봉 교수님

　　　　　☆제　출　일: 2008년 5월

　　　　　☆성　　　　명: 홍 길 동

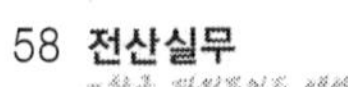

<목 차>

a. 슈퍼마켓에서 판매대에 진열된 상품의 재고를 종류별로 파악하
는 직원
b. 인쇄된 문서의 내용을 컴퓨터에 입력시켜야 하는 약사
c. 공항에서 승객들의 화물을 자동으로 추적하는 시스템
d. 전화로 주문을 받는 사무원
e. 고객이 앉은 테이블에서 직접 주문을 할 수 있는 식당
f. 조폐공사의 지폐인쇄 공정에서 인쇄된 지폐가 지나가는 순간 눈
으로 식별하여 합격 / 불합격 판정을 내리는 직원
g. 계산대에 늘어선 고객들을 신속하게 보내고자 하는 가게 주인
h. 초진환자에게 표준검사를 시행하는 정신과 의사
i. 숲과 개천을 조사해서 공해물질의 영향을 알아보는 환경고학도
j. 직원들의 근무시간을 파악하고자 하는 기업체 사장

소 감

a. 슈퍼마켓에서 판매대에 진열된 상품의 재고를 종류별로 파악하
는 직원
→ 현재: **바코드 판독기(bar-code reader)**…… 현재 모든 물품에는
컴퓨터가 읽을 수 있는 이름인 바코드가 새겨져 있다. 그래서 물품
을 구입할 때, 직원은 바코드를 바코드 판독기에 읽혀지게 한다. 그
판독기에 입력된 바코드 내용은 단말기에 정보 형태로 나타나게 된

다. 그러면 직원은 그것을 보고 물품의 수량과 종류를 확인한다.

미래: 사람이 직접 물품을 입력하는 불편함을 없애 준 것이 바코드이다. 하지만 다시 일일이 바코드를 판독기에 찍는 것도, 판독기에 내용을 단말기에 옮겨서 확인하는 것도 불편함이 따른다. 앞으로는 상품의 밑 하단에 바코드와 같은 것을 새기고, 진열할 칸 바닥에 바코드를 읽을 판독기를 장치한다. 그러면 물품이 하나씩 빠질 때마다 그리고 추가될 때마다 판매대에 달린 **자동 개수 표**가 개수를 나타내 주는 것이다. 직원은 그 자동 개수 표를 컴퓨터와 연결하여 재고를 확인하도록 한다.

b. 인쇄된 문서의 내용을 컴퓨터에 입력시켜야 하는 약사

→ 현재: **급지형 스캐너(sheetfed scanner)**…… 컴퓨터가 발달하면서 모든 문서는 손으로 기입하는 것에서 작업하게 되었다. 따라서 출력된 문서를 컴퓨터에 입력할 방법도 워드 작업에서 스캔하는 것으로 발달되었다. 모니터 사이에 종이를 넣으면 프린트 뽑히듯이 입력된 부분부터 나오게 된다. 그러면 화면에 바로 연결되어 작업 가능하게 된다.

미래: 일반 프린트가 한 줄씩 찍는 것처럼 급지형 스캐너도 몇 줄씩 읽게 되어 있다. 따라서 시간적으로도 소모되는 시간이 길어지게 된다. 이제는 출력된 종이를 한 번에 기계에 넣고 스캔하도록 해야겠다. 그러면 시간도 절약되고 좀 더 정확히 입력될 것이다.

c. 공항에서 승객들의 화물을 자동으로 추적하는 시스템

→ 현재: **단말기(terminal)**…… 공항에서는 많은 화물을 이동시킨다. 따라서 화물에 바코드를 부탁시켜 판독기를 통과시킬 때마다 단말기를 통해 위치를 확인하도록 할 수 있다.

미래: 바코드는 판독기가 있어야만 한다. 이제는 **센서**를 달도록

한다. 그러면 바로바로 센서 추적 장치를 통하여 더 쉽게 승객들이 자신의 화물 위치를 확인할 수 있을 것이다.

d. 전화로 주문을 받는 사무원

→ 현재: **키보드(keyboard) & 마우스(mouse)**…… 고객들과 통화하면서 직원들은 키보드와 마우스를 이용하여 설정되어 있는 페이지에 주문내용을 입력한다. 이렇게 입력하게 되면 이 주문서는 중앙 컴퓨터로 데이터가 넘어가게 되어 있다.

미래: 고객들과 통화하면서 자판을 치는 것은 육체적으로 힘든 일이다. 이를 위해서 이제는 **음성만으로도 입력이 가능한 기계**를 고안해야겠다. 컴퓨터는 고객과 사무원의 통화내용을 잘 인식하였다가 자동으로 주문 내역서를 작성하게 하는 것이다.

e. 고객이 앉은 테이블에서 직접 주문을 할 수 있는 식당

→ 현재: 자리에 앉은 고객들은 메뉴 책을 충분히 읽은 다음, 식탁에 부착되어 있는 **벨(bell)**을 가볍게 눌러 준다. 그러면 그 벨은 직원들이 있는 곳으로 연결되어 직원이 직접 테이블로 와서 주문을 받아간다.

미래: **터치스크린(touch screen)**…… 식당의 메뉴를 입력시킨 조그마한 모니터를 식탁에 부착시킨다. 그러면 고객들은 자신이 먹을 메뉴를 손가락으로 선택하여 주방으로 테이블의 번호와 함께 바로 주문한다. 은행에서도 CD기에 터치스크린을 사용한다. 주문뿐만 아니라 이제는 계산도 직접 테이블에서 가능하도록 하는 것이다. 카드나 현금 계산이 모두 가능한 설치를 테이블 옆에 부착시키도록 한다.

f. 조폐공사의 지폐인쇄 공정에서 인쇄된 지폐가 지나가는 순간 눈으로 식별하여 합격 / 불합격 판정을 내리는 직원

→ 현재: **막대판독기(wand reader)**······ 인쇄되어 나오는 지폐에는 각자의 번호가 문자화되어 찍혀 있다. 이렇게 인쇄되어 나올 문자를 판독기에 미리 입력시킨다. 그리고 나서 직원들이 판독기를 인쇄되어 지나가는 지폐 위에 위치시킨다. 그러면 제대로 문자가 찍혀지지 않았거나 잘못 인쇄된 지폐는 골라낸다.

미래: 사람이 일일이 눈으로 식별하기는 정확성도 떨어지고 어려운 일이다. 이렇게 반복되는 일은 이제 로봇들이 처리하고 있다. 인쇄되어 지나가는 지폐 앞에 양옆으로 **로봇들을 세워 두고 지폐를 감지하도록** 한다. 그래서 불합격 판정이 내려지는 지폐를 빠르게 골라내도록 한다.

g. 계산대에 늘어선 고객들을 신속하게 보내고자 하는 가게 주인

→ 현재: **바코드 판독기(bar-code reader)**······ 물품에 바코드가 입력되어 있기 때문에 바코드 판독기 위로 물건을 하나씩 지나치며 빠르게 단말기를 통해 계산이 나오도록 한다.

미래: 직원들이 하나씩 바코드를 찍는 것은 시간이 걸린다. 앞으로는 **장바구니나 카터에 판독기를 미리 달아 놓는 것**이다. 그래서 고객들이 물품을 넣으면서 판독기를 읽혀 미리 계산을 시키는 것이다. 계산대에 와서는 그 판독기를 제출하여 바로 계산하도록 한다.

h. 초진환자에게 표준검사를 시행하는 정신과 의사

→ 현재: 정신과 의사는 환자의 정신 상태를 진단한다. 따라서 여러 가지 출력문서를 가지고 검사를 실시한다. OMR 카드를 이용하여 컴퓨터에 입력시키면 환자의 상태를 좀 더 구체적으로 분석할 수 있다.

미래: 검사할 문제 내용이든, 환자에게 그리게 할 그림이든 의사

들은 자신의 컴퓨터와 연결된 **그래픽 태블릿(graphics tablet) & 스타일러스(stylus)**를 이용하여 검사를 실시하도록 한다. 그러면 다시 컴퓨터에 입력시켜야 하는 이중 작업도 덜어 주게 될 것이다.

i. 숲과 개천을 조사해서 공해물질의 영향을 알아보는 환경고학도

→ 현재: 여러 곳을 이동하기 때문에 그곳의 상태를 기억하기 위해서 디지털 카메라를 이용한다. 그리고 조사한 내용을 입력하여 분석할 수 있는 노트북을 활용하기도 한다.

미래: 카메라, 노트북, 물질 분석 기계……. 이런 것들이 모두 한곳에 모여 있는 기계는 어떨까. 노트북 모니터 위에 카메라를 부착시키고, 노트북 밑에 가져갈 물질 보관함을 만든다. 그리고 노트북 크기는 줄이고, 무게도 좀 더 가볍게 한다.

j. 직원들의 근무시간을 파악하고자 하는 기업체 사장

→ 현재: 정확한 근무시간을 파악하기 위해서 직원들은 출·퇴근 시 자신의 **카드**를 출입문에서 찍도록 한다. 그러면 기계의 입력된 내용은 컴퓨터에 정리되어 사장에게 보일 수 있다.

미래: 자신의 집에 들어가기 위해서는 열쇠가 필요하다. 그런데 열쇠를 분실하거나, 도둑의 방지를 위해서 이제는 가족들의 지문이나 신체의 일부를 입력하여 문이 열리도록 하고 있다. 이제는 직장에서도 카드가 아닌 이렇게 지문이나 신체의 일부를 기계에 입력시키도록 하는 것이다. 카드는 분실할 수도 있고, 망가질 상황도 일으킬 수 있는데 신체는 그에 비하면 더 효율적이다.

소감: 수업시간에 입력 장치를 배우면서 우리 실생활에 쓰이는 입력 장치에 대해서 알아볼 수 있었다. 과학이 발달하면서 참으로 인

간생활이 기계 덕분에 편해졌다는 것도 새삼 느낄 수 있었다. 그리고 과제를 하면서 '현재 쓰이고 있는 입력 장치를 어떻게 더 발전시킬 수 있을까…….' 상상해 보면서 과학자, 발명가가 된 기분이었다. 과거와 현재를 비교해 보면 예전에 우리가 '이렇게 되면 좋을 텐데……. 편할 텐데…….'라고 생각했던 정말 웃기기도 하고, 상상을 초월하는 물건들이 계발되고 있다. 내가 상상해 본 미래의 제품들이 계발되는 것도 불가능한 일은 아니라고 생각한다.

문제 풀어 보며 이해하기

第 1學年 2學期 고사 보충교재
(전산 실무)

※ 아래 물음에 알맞은 답을 고르시오

1. 다음 중 성격이 *다른* 것은?
   ① 파워포인트　　② 프리랜스
   ③ 오소웨어　　　④ 디렉터
   ⑤ 페인트 샾 프로

2. 다음의 파워포인트 도구 중 글꼴, 글꼴 크기, 글꼴 속성, 정렬
   등의 명령이 모여 있는 도구 모음을 무엇이라 하나?
   ① 표준 도구모음　　② 서식 도구모음
   ③ 그리기 도구모음　④ 제목 표시줄
   ⑤ 보기 도구모음

3. 파워포인트를 시작하는 방법으로 맞는 것은?
   ①　[시작]메뉴=>[제어판]=>[Microsoft PowerPoint]

② [시작]메뉴=>[Microsoft PowerPoint]

③ [시작]메뉴=>[실행]=>[Microsoft PowerPoint]

④ [시작]메뉴=>[실행]=>Powerpoint.exe

⑤ [시작]메뉴=>[실행]=>Powerpnt.exe

4. 파워포인트 2000의 보기 도구가 *아닌* 것은?

① 기초보기

② 슬라이드 보기

③ 개요보기

④ 여러 슬라이드 보기

⑤ 기본보기

5. 슬라이드 구성의 방법 중 직접 슬라이드 구성을 선택하고 그 내용을 입력하여, 바탕색 및 바탕 그래픽, 서식 등도 직접 설정하는 방법으로 프레젠테이션을 작성하는 시간이 많이 걸리나 목적에 가장 적합한 슬라이드로 꾸밀 수 있다는 장점이 있는 것은?

① 내용서식   ② 내용구성마법사
③ 디자인 서식   ④ 새 슬라이드 구성
⑤ 디자인 마법사

6. 파워포인트에서 단락을 나누지 않고 줄을 바꾸고자 할 경우에 사용하는 키는?

① [Enter]   ② [Alt]+[Enter]
③ [Alt]   ④ [Shift]+[Enter]   ⑤ [Shift]

7. 파워포인트의 서식파일의 확장자로 맞는 것은?

   ① ppt　　② pto　　③ pot　　④ ppp　　⑤ sop

8. 새 프레젠테이션의 구성방법이 *아닌* 것은?

   ① 파워포인트의 시작화면에서 [새 프레젠테이션] 선택.

   ② [파일] 메뉴의 [새로 만들기]를 클릭하여 [일반] 탭에서
      [새 프레젠테이션]을 클릭한다.

   ③ 표준도구모음의 새 파일 단추를 클릭한다.

   ④ [파일] 메뉴의 [새로 만들기]를 클릭하여 [프레젠테이션]
      탭에서 선택 클릭한다.

   ⑤ 답 없음.

9. 문자열의 정렬방법이 *아닌* 것은?

   ① 왼쪽 정렬　　② 오른쪽 정렬

   ③ 가운데 정렬　④ 수직 정렬

   ⑤ 배분맞춤

10. 선의 모양을 결정하는 그리기 도구는?

   ① 선 유형　　　② 대시 유형

   ③ 그림자 설정　④ 3차원 유형

   ⑤ 채우기 효과

11. 파워포인트의 문자열 상자를 복사하는 단축키는?

   ① Enter　　② Shift　　③ Ctrl　　④ Alt　　⑤ Tab

12. 다음 도형 중 만화에서처럼 사람의 소리를 표시하거나 본문
    밖으로 설명을 끄집어내고자 할 경우 사용되는 것은?
    ① 선 종류   ② 연결선   ③ 설명선
    ④ 블록 화살표   ⑤ 순서도

13. 도형에 문자열을 삽입하는 방법은?
    ① 단축메뉴에서 [문자열 추가]
    ② [삽입]메뉴에서 [도형문자열 삽입]
    ③ [별 현수막]메뉴에서 [문자열 삽입]
    ④ [삽입]메뉴에서 [문자열 삽입]
    ⑤ [도형]메뉴에서 [문자열 삽입]

14. 문자열에 그림자나 질감과 같은 특수 효과를 줌으로써 문자열
    의 모양에 변화를 꾀하는 것은?
    ① 워드아트   ② 클립아트
    ③ 텍스트아트   ④ 도형아트
    ⑤ 쉐이드아트

15. 다음은 인터넷에서 다운받은 그림을 슬라이드 바탕에 깔아 보
    려 한다. 맞는 방법은?
    ① 단축메뉴에서 [디자인 적용]을 클릭한다.
    ② 단축메뉴에서 [배경색]을 클릭하고 나타난 슬라이드 바탕색
       대화상자에서 목록단추를 클릭하고 [채우기 효과]를 클릭한
       후 [그림] 탭에서 그림을 선택한다.

③ 단축메뉴에서 [배경색]을 클릭하고 나타난 슬라이드 바탕색 대화상자에서 목록단추를 클릭하고 [채우기 효과]를 클릭한 후 [그러데이션] 탭에서 그림을 선택한다.

④ 그리기 도구모음의 클립아트 단축아이콘을 눌러 원하는 그림을 선택한다.

⑤ 글상자 안에 커서를 위치시키고 그리기 도구의 [색 채우기] 도구의 [채우기 효과]를 선택하여 [그림] 탭에서 그림을 선택한다.

16. 다음 <보기>는 무엇에 대한 설명인가?

<보기>

바탕색이나 바탕그래픽, 서식 등을 미리 설정하여 슬라이드 바탕으로 지정하여 두고 삽입되는 슬라이드의 기본 바탕이 이 모양으로 설정되게 하는 것

① 마스터　　　② 디자인 서식　　　③ 내용 서식
④ 내용 마법사　⑤ 디자인 적용

17. 마스터의 종류로 올바르게 묶인 것은?
① 제목 마스터, 슬라이드 마스터
② 기본 마스터, 슬라이드 마스터
③ 개요 마스터, 제목 마스터
④ 개요 마스터, 슬라이드 마스터
⑤ 그리기 마스터, 제목 마스터

18. 제목 마스터를 만드는 방법은

① [슬라이드 마스터] 편집 화면에서 [삽입] 메뉴의 [세 제목 마 스터]를 클릭한다.

② [파일] 메뉴의 [제목 마스터]를 클릭한다.

③ [파일] 메뉴의 [슬라이드 마스터]의 [제목 마스터]를 클릭한다.

④ [삽입] 메뉴의 [슬라이드 마스터]를 클릭한다.

⑤ 그리기도구의 [제목 마스터] 단축아이콘을 클릭한다.

19. 음악CD를 삽입했을 경우 자동으로 재생되지 않도록 하는 단 축키는?

① Shift　　② F1　　③ F3　　④ Ctrl　　⑤ Alt

20. 차트를 삽입하는 도구의 단추는?

① 　② 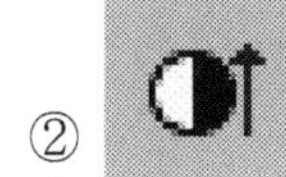　③ 

④ 　⑤ 

21. 아래 보기의 단축 아이콘의 기능은?

<보기>

① 글상자의 색 채우기 ② 바탕의 색 채우기 ③ 그림 삽입
④ 그림 다시 칠하기   ⑤ 글씨색

22. 클립아트의 그림의 기본 확장자는?
① gif ② ppt ③ pot ④ wmf ⑤ wmp

23. 다음 소리 파일 중 하드웨어가 어떤 음을 어떤 악기가 연주할
    것인지를 정해 주는 명령어들로 구성된 파일로서 그 크기가
    매우 작은 파일은?
① rm   ② ra   ③ mid   ④ wav   ⑤ mp3

24. 각 슬라이드가 나타날 때의 효과로서 슬라이드가 드러나는 모
    양이나 소리, 시간 등을 설정하는 것을 무엇이라 하나?
① 화면 전환 ② 재생 설정 ③ 슬라이드 효과
④ 차트 효과 ⑤ 꾸러미

25. 다음 중 동화상 파일의 종류가 *아닌* 것은?
① avi ② viv ③ mov ④ wav ⑤ mpg

26. 다음 설명 중 _틀린_ 것은?

① 파워포인트에서는 슬라이드에 문자열 상자, 도형, 표, 차트,
그림, 소리, 동화상 등을 삽입할 수 있다.

② 파워포인트에서는 그림, 소리, 동화상 등의 클립아트를 제공
한다.

③ 그림 클립아트의 색을 바꾸려면 먼저 그룹을 해제하여야 한다.

④ [CD 오디오 재생]을 이용하면 음악 CD를 재생할 수 있다.

⑤ 동화상 파일을 다른 내용이 들어 있는 슬라이드에 삽입하게
되면 다른 내용을 가릴 수 있으므로 새로운 슬라이드에 삽
입하는 것이 좋다.

27. 특정한 개체와 다른 슬라이드 또는 다른 프레젠테이션, 인터
넷 URL, 다른 응용 소프트웨어로 작성된 파일 등을 연결하여
슬라이드 쇼 도중에 호출할 수 있도록 하는 기능을 무엇이라
하는가?

① 하이퍼링크　②　다이내믹 링크　③ 라이브러리
④ 클립아트　　⑤ 애니메이션

28. 다음 설명으로 _틀린_ 것은?

① 많은 쪽수로 작성된 프레젠테이션을 [슬라이드 쇼]할 경우 내
용에 따라 적당하게 잘라서 각각의 파일로 만든 후 하이퍼링
크로 연결하는 것이 좋다.

② 정식의 프레젠테이션을 실시하기 전에 미리 예행연습을 통
하여 실수가 일어나지 않도록 하는 것이 좋다.

③ 슬라이드 개체에 애니메이션 효과를 줄 경우 많은 효과를
   줄수록 좋은 결과를 가져온다.
④ 화면전환이란 슬라이드 쇼에서 슬라이드 바탕이 드러나는 효
   과로서, 애니메이션 없는 개체도 함께 드러난다.
⑤ 틀린 문항이 없다.

29. 프레젠테이션을 작성한 컴퓨터와 슬라이드 쇼를 실행할 컴퓨
    터가 다른 경우 사용하는 방법은?
    ① 클립아트
    ② 꾸러미
    ③ 슬라이드 쇼
    ④ 차트도구
    ⑤ 애니메이션 도구

30. 다음 중 프레젠테이션의 정의를 고르시오.
    ① 자신의 생각이나 의견을 다른 사람에게 전달하는 방법, 또는
       제작된 자료.
    ② 멀티미디어 자료 작성 응용 소프트웨어.
    ③ 표 계산, 문서 작성, 차트 등을 작성할 수 있는 수치 계산용
       프로그램.
    ④ 원격지의 컴퓨터에 접속, 컴퓨터 시스템 자원을 활용할 수 있
       게 도와주는 프로그램.
    ⑤ 컴퓨터 시스템 자원을 제어하여 사용자의 작업을 효율적으로
       처리하도록 지원하는 프로그램.

第 1學年 정보처리·사이버 考査
(전산 실무)

31. 컴퓨터와 통신을 통해 정보를 수집, 가공, 활용하는 능력이 매우 중요시되는 사회는?
    ① 정보화 사회　　　　② 컴퓨터 활용 사회
    ③ 멀티미디어 사회　　④ 통신 사회
    ⑤ 하이퍼미디어 사회

32. ________은 세계 각국에 흩어져 있는 작은 지역 네트워크들이 거미줄처럼 연결되어 방대한 자료를 가지는 세계적인 통신망이다. ________에 들어갈 말은?
    ① 인터넷　② 네트워크　③ TCP / IP　④ 프로토콜　⑤ 웹

33. 다음 중 인터넷의 이용 분야가 *아닌* 것은?
    ① 정보 검색　② 전자 우편　③ 원탁 토론
    ④ 파일 전송　⑤ 전자 상거래

34. 인터넷을 이용하여 물리적으로 연결되지 않은 컴퓨터를 원거리에서도 온라인 연결을 하여 자신의 개인용 컴퓨터 용량으로는 수행할 수 없는 프로그램들을 수행하는 것은?
    ① 화상 채팅　　　　② 멀티미디어　　　　③ 오락
    ④ 원격 접속(telnet)　⑤ 토론 그룹(usenet)

35. 인터넷에서 신문이나 잡지처럼 여러 가지 주제에 대한 내용을
뉴스 형태로 제공해 주는 일종의 정보 제공 서비스는?
① 유즈넷(usenet)
② 전자 우편
③ 홈페이지
④ 인스턴스 메시지
⑤ 인트라넷

36. 다음의 여러 가지 주소체계 중에서 *잘못된* 것은?
① IP 주소: 192.245.250.5
② E-mail 주소: haeseong@hanmir.net
③ 도메인(Domain) 이름: www.moe.go.kr
④ URL: 서울시 동대문구 전농3동 90-1
⑤ 답 없음

37. 인터넷에는 두 가지 형태의 주소를 갖고 있다. 하나는 인터넷
주소라는 뜻을 가진 IP(Internet Protocol) 주소이고, 다른 하나
는 도메인 이름(Domain Name)이다. 이 두 가지 이름을 서로
일치시키는 기능을 해 주는 컴퓨터를 무엇이라 하는가?
① 클라이언트(Client)
② 메인 서버(Main Server)
③ DNS(Domain Name Server)
④ 프록시 서버(Proxy Server)
⑤ 파일 서버(File Server)

38. 기관을 나타내는 도메인(기관의 유형)의 도메인과 의미가 바르게 연결되지 *않은* 것은?
   ① com, co - 기업체
   ② edu, ac - 교육 기관
   ③ gov, or - 정부 기관
   ④ org, or - 이익 단체
   ⑤ net, nm - 네트워크 기관

39. 지역을 나타내는 도메인(국가)의 도메인과 의미가 바르게 연결되지 *않은* 것은?
   ① kr - 한국
   ② us - 미국
   ③ jp - 일본
   ④ fr - 프랑스
   ⑤ de - 덴마크

40. 다음은 IP 주소에 관련된 내용이다. *잘못된* 내용은?
   ① IP 주소는 인터넷에 연결된 수많은 망과 컴퓨터를 구별하기 위해 부여하는 주소이다.
   ② Internet Protocol의 약자이다.
   ③ 4개의 필드(field)로 구성되어 있다.
   ④ 이 4개의 필드는 쉼표(,)로 구분된 숫자로 표현된다.
   ⑤ 고유한 IP 주소는 우리가 원하는 곳에 정보를 보내고자 할 때 보내는 곳의 위치를 지정해 준다.

41. 다양한 정보를 하이퍼링크(hyperlink) 구조로 연결시키는 분산
    정보 검색 시스템을 무엇이라 하는가?
    ① 웹(Web)
    ② 홈페이지
    ③ 데이터베이스 관리 시스템
    ④ 익스플로러
    ⑤ 웹 디자인(Web Design)

42. 다양한 멀티미디어를 제공하기 위해 정보의 자유로운 이동과
    검색을 가능하게 하는 기법은?
    ① 하이퍼링크(Hyperlink)
    ② 링크 더 리스트(Link the List)
    ③ LAN(Local Area Network)
    ④ 슬라이드 쇼
    ⑤ 브리지(Bridge)

43. 웹 정보를 검색하는 데 사용하는 응용 프로그램은?
    ① 검색엔진   ② MS Office   ③ Window XP
    ④ 월드 와이드 웹(WWW)   ⑤ 웹 브라우저

44. 다음 빈칸에 들어갈 단어가 순서대로 바르게 연결되어 있는
    것은?
    ① 웹 페이지 - 웹 사이트 - 웹 서버
    ② 웹 페이지 - 웹 서버 - 웹 사이트

③ 웹 디자인-웹 사이트-웹 서버

④ 웹 디자인-웹 서버-메인 서버

⑤ 웹 문서-웹 사이트-메인 서버

45. 웹 서버에 있는 정보의 위치를 알려 주기 위해서 웹에서 채택
한 위치 표현법은?
① URL(Uniform Resource Locator)
② HTML(Hyper Text Markup Language)
③ WWW(World Wide Web)
④ FTP(File Transfer Protocol)
⑤ GUI(Graphic User Interface)

46. 네트워크로 연결된 컴퓨터 간에 정보를 주고받을 때 지켜야
할 통신 규약을 무엇이라 하는가?
① 암호화 　　　　② 프로젝터 　　　　③ 보안
④ 통신 상호 규약 　⑤ 프로토콜

47. 웹에서 하이퍼미디어 정보를 빠르고 효율적으로 전송하기 위
해 사용되는 프로토콜은?
① FTP
② HTTP
③ UDP
④ PPT
⑤ HWP

48. 웹 사이트를 둘러보다가 나중에 다시 찾기를 원하는 웹 사이트를 발견하면 그 주소를 등록해 놓았다가 다음에 쉽게 연결할 수 있게 해 주는 기능은?
① 즐겨찾기
② 미리 보기
③ 도구 모음
④ 삽입
⑤ 끼워 두기

49. 인터넷에 연결된 컴퓨터가 많아지고 정보의 양도 폭발적으로 늘어나면서 필요한 정보를 찾는 것이 쉽지 않고, 또한 많은 시간을 필요로 한다. 이때 정보를 효율적으로 찾기 위해 사용하는 것이 ________이다. _________에 들어갈 알맞은 말은?
① 데이터베이스 관리 시스템
② 웹 브라우저
③ 검색엔진
④ 이동 통신
⑤ 도움말

50. 다음 중 정보 검색을 빠르게 하는 방법이 *아닌* 것은?
① 하나의 검색엔진의 사용만을 고집한다.
② 빠른 검색 환경을 갖춘다.
③ 주어진 환경을 잘 활용하는 것이다.
④ 일반 검색엔진 이외에 각 분야별 전문 검색엔진을 적극 활

용한다.

⑤ 각 언론사 웹 사이트의 기사 검색 기능이나 전문 데이터베
이스도 잘 이용한다.

51. 컴퓨터를 사용하여 작성한 글을 통신망을 통하여 상대방과 직
접 주고받는 것은?
① 전자 우편　　② 홈페이지　　　③ 전자상거래
④ 메일 서버　　⑤ 해킹

第1學年 정보처리 · 사이버 考査
(전산 실무)

52. 인터넷에서 메일 서버로부터 전자 우편을 전송하기 위한 프로
토콜은?
① SMTP(Simple Mail Transfer Protocol)
② FTP(File Transfer Protocol)
③ HTTP(Hyper Text Transfer Protocol)
④ POP3(Post Office Protocol)
⑤ UDP(User Datagram Protocol)

53. 다음 중 많이 사용하는 검색엔진에 해당하지 *않는* 것은?
① 야후　② 심마니　③ 엠파스　④ 미스 다찾니　⑤ 에듀넷

54. 인터넷상에서 연결된 수많은 컴퓨터들이 기종에 관계없이 파
    일을 주고받을 수 있게 해 주는 파일 전송을 위한 표준 통신
    규약은?
    ① SMTP(Simple Mail Transfer Protocol)
    ② FTP(File Transfer Protocol)
    ③ HTTP(Hyper Text Transfer Protocol)
    ④ POP3(Post Office Protocol)
    ⑤ UDP(User Datagram Protocol)

55. 인터넷에서 수신한 오디오 및 비디오 등과 같은 다양한 형태
    의 정보 중에서 웹 브라우저에서 처리할 수 없는 정보를 처리
    할 수 있도록 하기 위해 해당 프로그램을 웹브라우저에 연결
    또는 추가하는 기술을 무엇이라고 하는가?
    ① 플러그인   ② 플러그 아웃   ③ 플러그 다운
    ④ 플러그 앤 플레이   ⑤ 오토 플러그

56. 다음 중 홈페이지 작성 단계가 바른 것은?
    ① 홈페이지 구상-홈페이지 자료 수집-
      홈페이지 제작-홈페이지 유지 보수 및 업데이트
    ② 홈페이지 구상-홈페이지 자료 수집-
      홈페이지 제작-홈페이지 홍보
    ③ 홈페이지 자료 수집-홈페이지 제작-
      홈페이지 유지 보수 및 업데이트-홈페이지 폐기
    ④ 홈페이지 구상-홈페이지 제작-

홈페이지 업데이트-홈페이지 폐기
⑤ 홈페이지 구상-홈페이지 제작-
홈페이지 유지 보수 및 업데이트-홈페이지 홍보

57. 웹 문서를 작성하는 데 사용되는 일종의 프로그래밍 언어로,
문서 중간에 삽입된 문자나 단어에 따라 필요한 곳으로 이동
할 수 있는 형태의 문서를 작성하는 문서 **표현** 언어는?
① HTML   ② C언어   ③ 한글97
④ JAVA   ⑤ Visual C＋＋

58. 다음 중 HTML 언어의 기본 규약이 *아닌* 것은?
① 글자의 특성을 정의하기 위해서 태그(tag)를 사용한다.
② 태그는 영문자 대·소문자를 구별한다.
③ 태그의 형식 중 일반적으로 끝 태그는 태그 앞에 ' / '가 일
반적으로 붙는다.
④ 줄 바꿈이나 문단 나누기 등은 [Enter] 키를 사용하는 것이
아니라 태그를 사용한다.
⑤ 둘 이상의 빈 공간이나 두 번 이상의 [Enter] 키 모두 하나
의 빈칸으로 인식한다.

59. 다음 중 태그 명령어와 기능이 바르게 연결되지 *않은* 것은?
① BR-줄을 바꾼다.
② P-문단을 나눈다.
③ FONT-글자의 크기와 글꼴 모양을 정한다.
④ TABLE-표를 작성할 때 사용한다.

⑤ OL - 순서 없는 목록을 작성할 때 사용한다.

60. 다음 중 플러그인 프로그램에 해당하는 것은?
   ① Shockwave(쇼크웨이브)
   ② Flash(플래시)
   ③ Photoshop(포토샵)
   ④ Namo(나모)
   ⑤ Dreamweaver(드림위버)

02

컴퓨터 시스템 활용

1. 한글 프로그램 활용

◆ 한글 2007은 사용자가 자신의 생각을 명확하고 효과적으로 전
 달할 수 있는 문서를 작성하도록 도와주는 프로그램이다.

◆ 한글 2007을 이용하면 입력된 문서의 편집, 표나 그림의 삽입,
 문서의 서식 설정, 맞춤법 교정 등의 작업을 편리하게 수행할
 수 있다.

1) 한글 2007 활용

① 문서의 입력, 삭제, 새로운 문서의 삽입, 변경된 내용 되살리
 기, 특정한 문서의 찾기와 바꾸기 등의 작업을 손쉽게 수행할
 수 있다.

② 한글 2007의 맞춤법 검사 기능을 이용하면 문서에 입력된 문서
 중 맞춤법에 어긋나는 문서를 쉽게 검사하고 수정할 수 있다.

③ 한글 2007에서는 글꼴 변경과 크기 조절, 글머리 기호 및 번호
 매기기, 서식 스타일 적용하기, 글자와 문단에 테두리나 음영
 넣기 등이 가능하다. 또한 다단으로 문서를 구성할 수 있는 것
 은 물론이고, 여백, 줄 간격, 문단 정렬 등을 자유롭게 변경할
 수 있으며, 탭의 위치 설정, 들여쓰기 등도 가능하다.

④ 한글2007의 표 기능을 사용하면 정보를 보다 읽기 쉽게 전달

할 수 있는데 중요한 부분을 강조하기 위해서 표 서식을 설정할 수도 있으며 표에 작성된 데이터를 기반으로 하여 차트로 작성할 수도 있다.

⑤ 여러 가지 그래픽 도구들을 사용하면 문서를 보다 이해하기 쉽게 표현할 수 있다. 선이나 도형을 직접 그린 후 색을 넣을 수 있으며, 사진이나 전문적으로 디자인된 그림들을 삽입할 수도 있다.

❖ 한글 2007 시작하는 방법

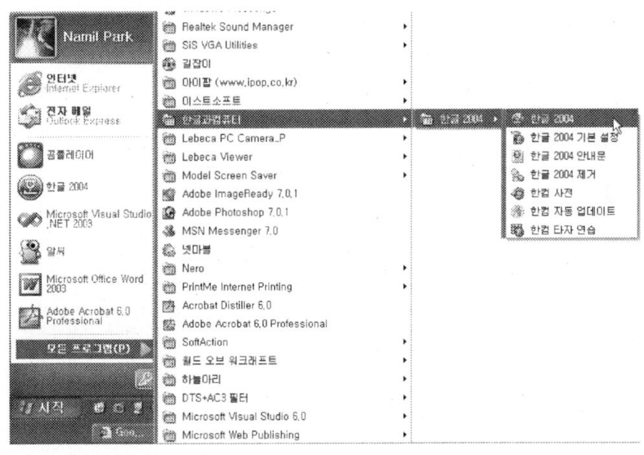

❖ 한글 2007 프로그램 창 구성

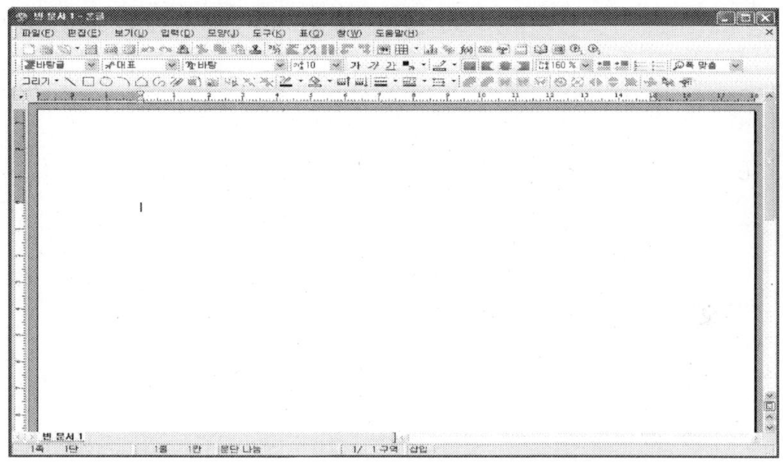

❖ 한글 메뉴

메뉴 표시줄 항목

마우스로 선택하여 사용하는 방법
영문 이니셜을 Alt key와 함께 사용하는 방법

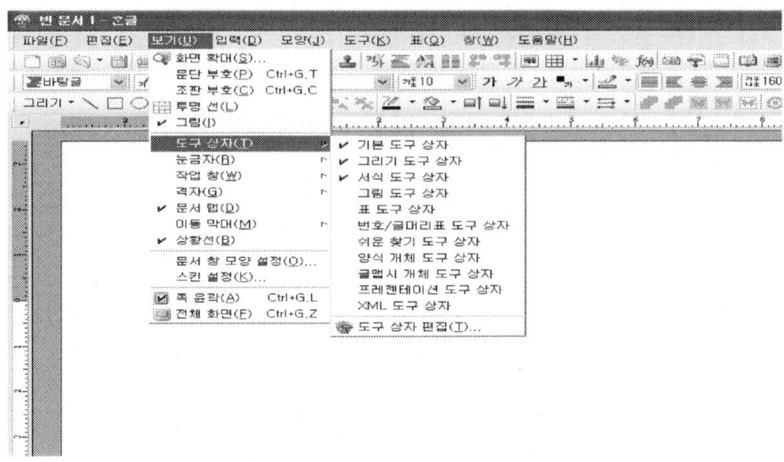

:: 화면확대 메뉴

작성하던 문서를 사용자가 보기 좋게 설정하기 위한 기능

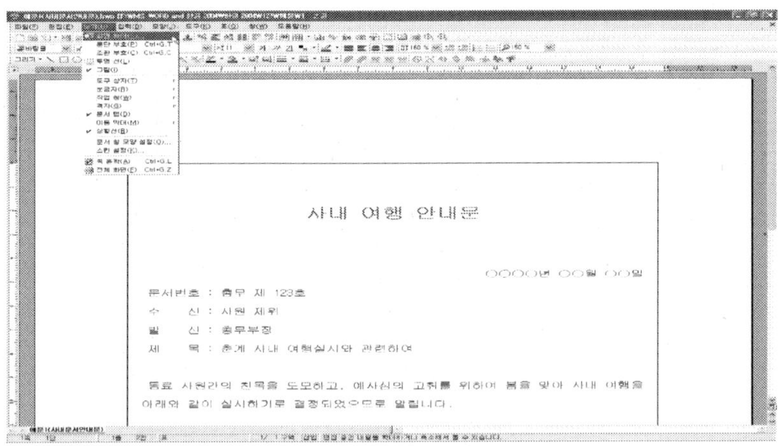

⁝ 문서 입력

커서: 키보드를 사용하여 글자를 입력하면 커서가 있는 곳에 글자가 입력되면서 커서는 오른쪽으로 이동한다.

사이띄개(Space Bar): 글자 사이를 띄어쓰기할 때 사용한다.

엔터(Enter): 단락을 나눌 때 사용한다.

인서트(Insert): 문서를 입력할 때 제일 처음 상태 표시줄에 삽입형태로 주어져 있다. 이것은 커서의 위치에 문자를 입력하여 끼워 넣는 방식이다. 이 키를 누르면 삽입에서 다음 그림과 같이 수정으로 바뀐다. 이것은 커서의 위치에서 키보드의 입력되는 값으로 문서를 대치하는 방식이다.

delete: 커서 위치에 한 글자를 지운다.

←(Back Space): 커서 왼쪽의 한 글자를 지운다.

마우스로 선택하여 지우기: 지울 영역을 마우스로 선택하고 키보드의 Delete를 눌러 지울 수도 있다.

한 / 영 키: 한글과 영문 입력 모드를 수동으로 바꾸어 준다.

※ 지운 글 되살리기

[편집] - [되돌리기]를 선택한다.

⁑ 문서 저장방법

기본 도구 상자의 (저장 버튼) 선택 방법
[파일]-[저장] 선택 방법

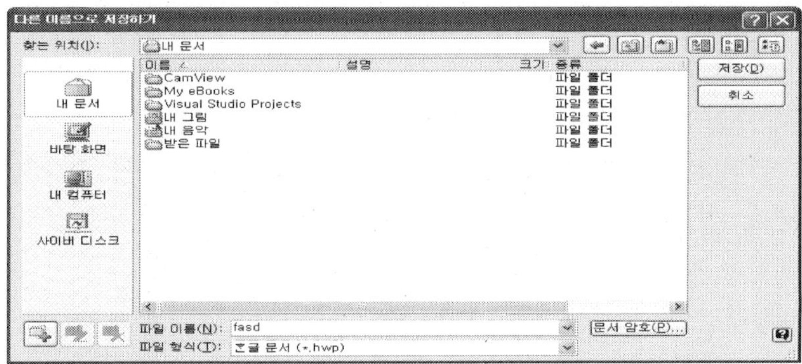

제목 표시줄의 우측 끝 단추 이용
메뉴 표시줄 우측 끝에 x 단추 선택
작업 중이던 모든 문서에 걸쳐 종료

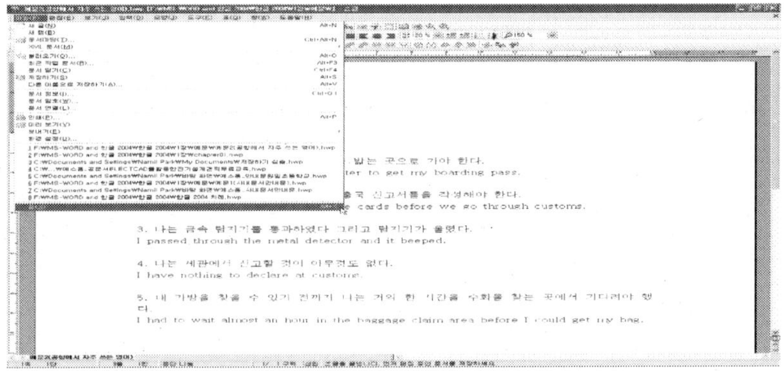

한글 2007을 실행하고 종료를 한다. 그리고 애국가 문서를 입력한다. 끝
으로 문서를 [내 문서] 폴더에 애국가.hwp로 저장한다.

실습할 내용

한글 2007을 실행

애국가 입력

입력이 완료된 문서를 [내 문서] 폴더에 애국가.hwp로 저장

한글 2007 종료

⁝ 문서 불러오기

1. 아래 그림처럼 저장해 두었던 애국가.hwp를 더블 클릭하여 열
   수 있다.

2. 한글 2007을 시작한 후 [파일]-[불러오기]를 선택하여 불러오
   거나, 또는 기본 도구 상자에서 단추를 선택하여 불러오는 방
   법이 있다.

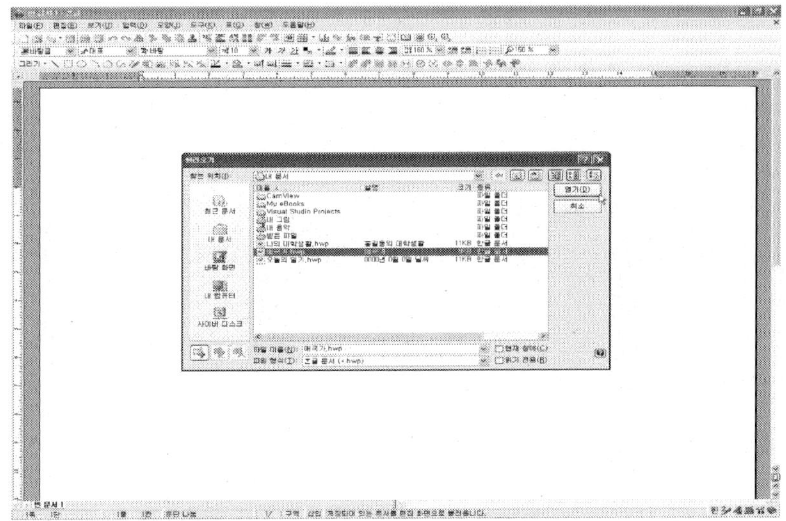

❖ 최근 작업 문서 불러들이는 방법

[파일]-[최근 작업 문서] 선택

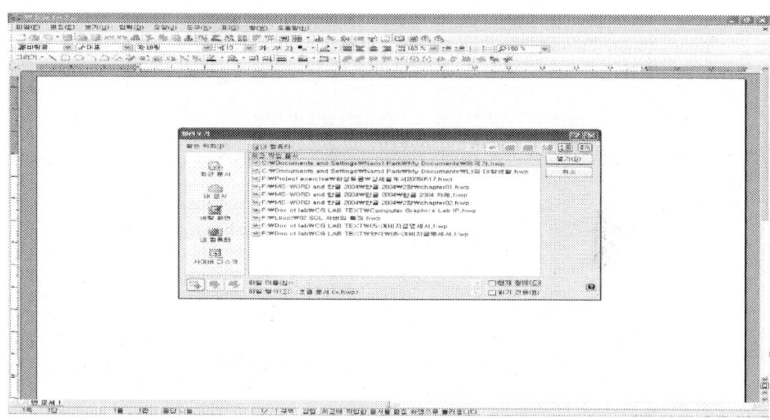

최근 작업 문서 파일 바로 열기

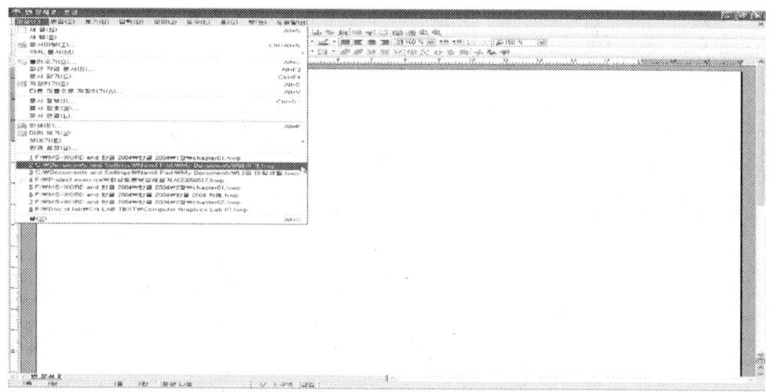

찾기 / 바꾸기 기능은 현재 편집 중인 문서에서 찾기를 원하는 문자열을 찾을 수 있고, 또 그것을 바꿀 수 있도록 하는 기능을 제공

문자열 찾기

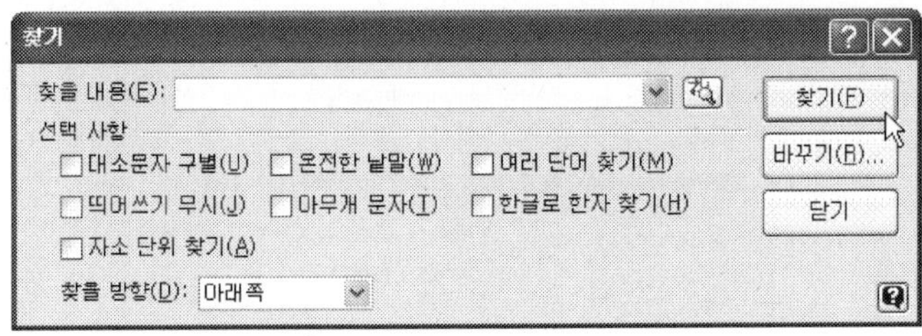

찾아 바꾸기

문서 암호는 개인적인 문서나 혹은 기밀문서 파일에 문서 암호를 지정하여 문서 암호를 모르면 누구도 그 파일 내용을 열어 볼 수 없도록 만드는 기능이다.

[파일]-[문서 암호]를 선택

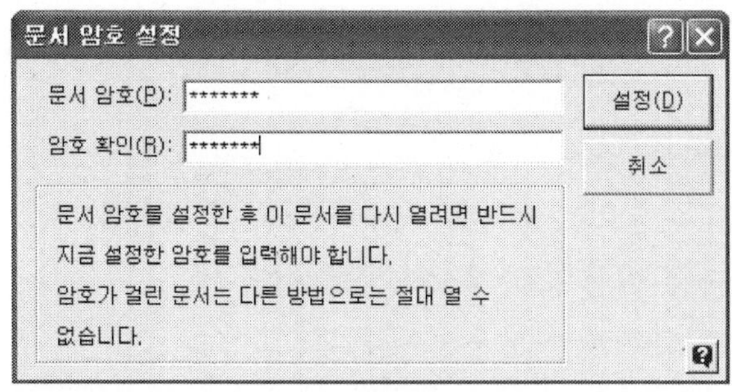

🔹 문서 암호 설정하기

문서 암호는 개인적인 문서나 혹은 기밀문서 파일에 문서 암호를
지정하여 문서 암호를 모르면 누구도 그 파일 내용을 열어 볼 수
없도록 만드는 기능이다.

[파일]-[문서 암호]를 선택

❖ 다른 이름으로 저장하기

　현재 편집하고 있는 파일을 새로운 이름으로 바꾸어 디스크에 저
장하고, 바꾼 이름으로 편집을 계속하는 것을 말한다.
　[파일]-[다른 이름으로 저장하기]를 선택

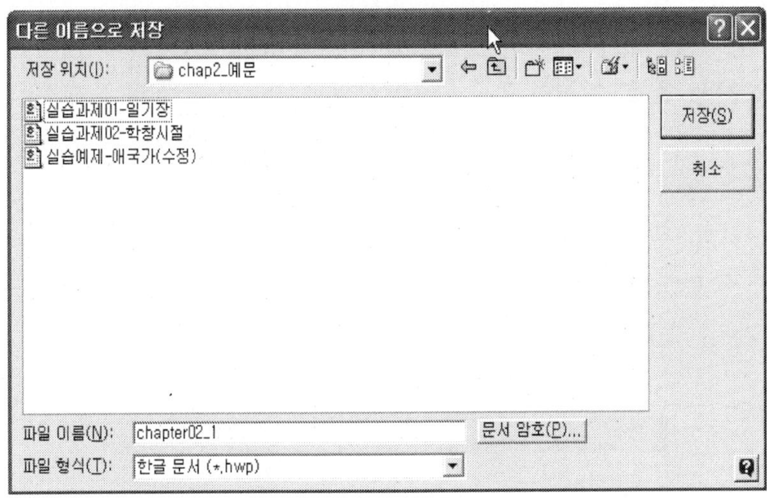

❖ 다른 형식으로 저장하기

　한글 2007에서 편집한 문서를 다른 프로그램에서 불러 쓰기 위하
여 한글 2007 고유의 문서 파일 형식(*.hwp)이 아닌 다른 형식으로
저장할 수 있다.

:: 빠른 교정

빠른 교정은 사용자가 문서 작성을 하는 도중에 잘못 입력한 단어나 오타, 띄어쓰기가 있으면 한글이 자동으로 틀린 낱말을 고쳐주는 기능을 말한다.

[도구]-[빠른 교정]-[빠른 교정 내용]을 실행한다.

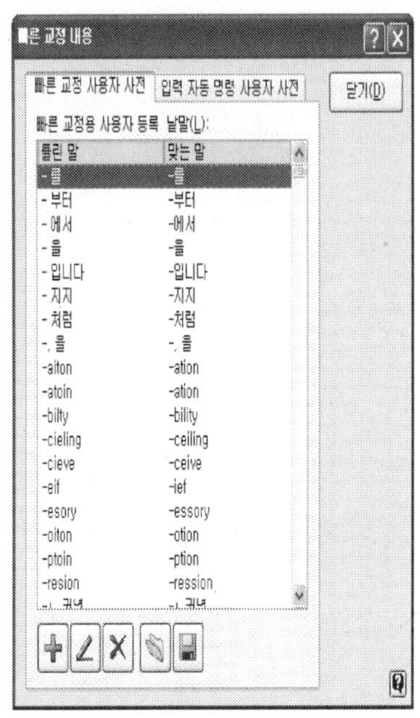

한영 자동 전환

한글을 영어 자판으로, 영어를 한글 자판으로 잘못 입력한 경우 한
영 자동 전환에서 자동으로 옳게 고쳐 주는 기능뿐만 아니라 화살표
방향키나 <Backspace>를 눌러 커서를 움직일 때, 현재 문자열의 종
류를 판별하여 자판을 자동으로 바꾸어 준다.

[도구]-[한영 자동 전환]-[한영 전환 동작]이 켜져 있는 상태에
서만 동작

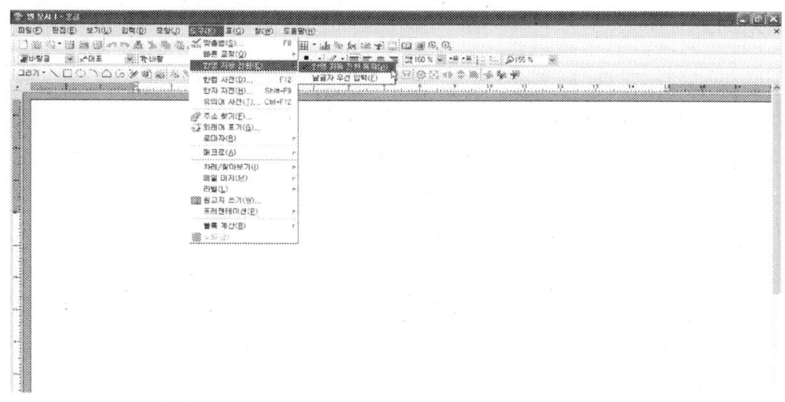

⁑ 한자로 바꾸기

문서를 입력 또는 편집을 하다 보면 명확한 의미를 표현하기 위
하여 종종 한자를 입력해야 하는 경우가 발생하곤 한다.

[입력]-[한자로 바꾸기]

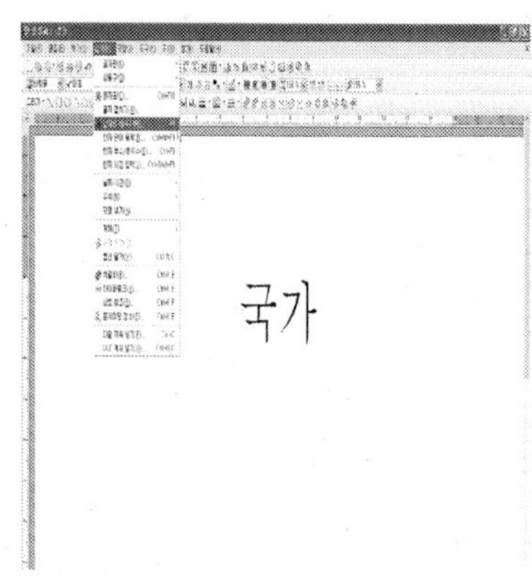

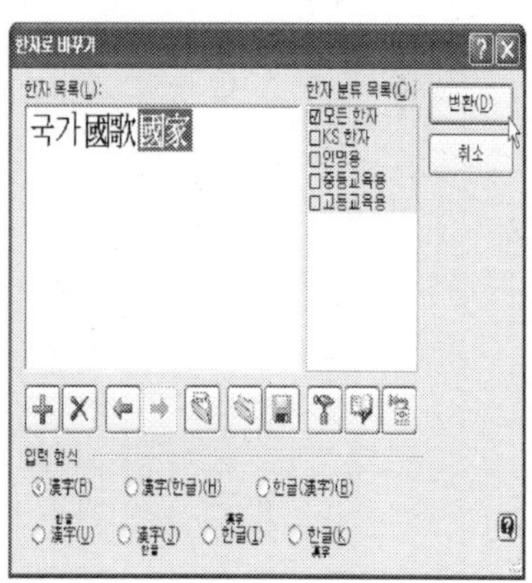

한글 2007에서는 기본으로 제공하는 한자 단어 사전에는 16만 개 이상의 한자 단어가 등록되어 있다. 하지만 [한자로 바꾸기]를 실행했을 때, 자주 쓰는 한자 단어가 아닌 회사 이름이나 상표명과 같이 기본으로 제공사전에 등록되어 있지 않으면 사용자가 직접 추가로 등록하고, 등록한 한자 단어 사전은 별도의 파일로 저장할 수 있다.

글자 모양 및 글자 크기 바꾸기

글자 모양 바꾸기 방법은 [모양]−[글자 모양]을 실행한다. <그림 3.7>과 같이 [글자 모양] 창이 나타나면 [기본] 탭의 [글꼴]에서 "굴림"을 선택하고 [글자 속성]에서 "진하게"를 선택한 후 [설정] 단추를 선택한다.

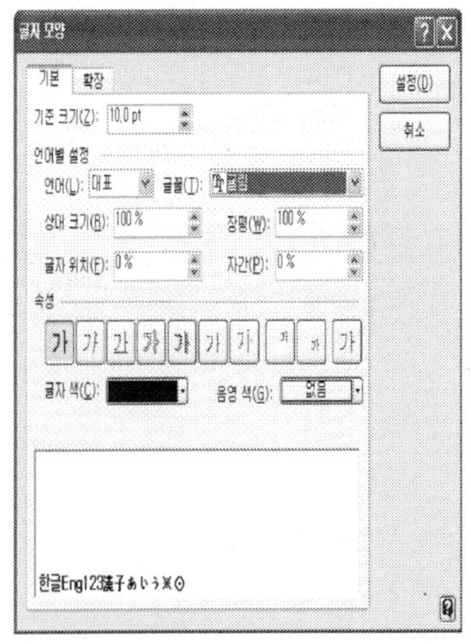

⁞ 글자 속성

글자속성	의 미	
기울임		
진하게		
밑줄	실선 모양의 밑줄이 있는 글씨. [확장] 탭의 [밑줄] 항목을 이용하면 밑줄의 위치와 색, 모양 등을 지정하여 다양한 밑줄을 그을 수 있다.	
외곽선	글자 테두리만 있고 속은 빈 글씨. [확장] 탭의 [외곽선] 항목을 이용하면 외곽선의 모양을 실선, 점선, 굵은 선, 파선 등에서 선택할 수 있다.	
그림자	글자의 오른쪽 아래에 비연속 그림자가 있는 글씨. [확장] 탭의 [그림자] 항목을 이용하면 글자의 뒤에 깔리는 그림자 형태와 색깔, 기울임 정도 등을 지정하여 다양한 그림자 모양을 만들 수 있다.	
양각		
음각		
위 첨자		
아래 첨자		
글자 색		
음영 색		
보통모양		

❖ 문단 첫 글자 장식

문단의 첫 글자를 장식하는 것은 간혹 문장을 입력할 때 첫 글자 한 단어를 여러 줄에 걸쳐서 크게 확대하여 나타내는 문서의 입력을 할 때 쓰인다.

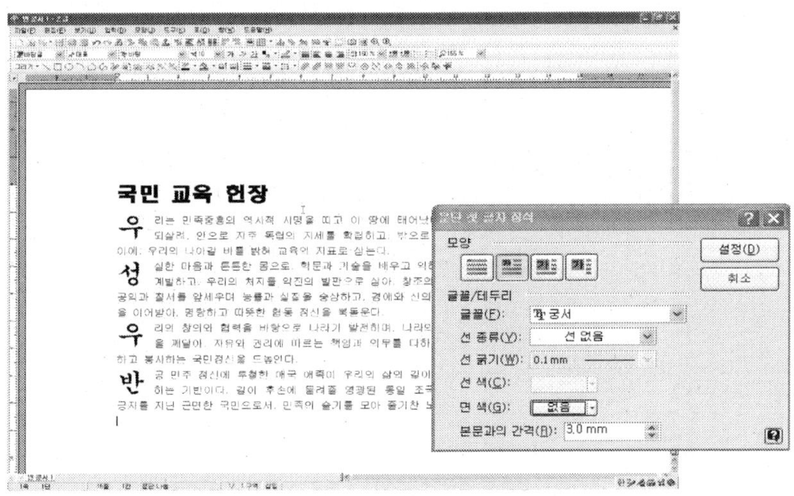

❖ 문자표 입력하기

문자표 입력이란 글자판을 통하여 직접 입력할 수 없는 기호나 입력하기 불편한 각종 문자들을 사용자가 직접 선택하여 입력하는 기능을 말한다.

[입력]-[문자표]

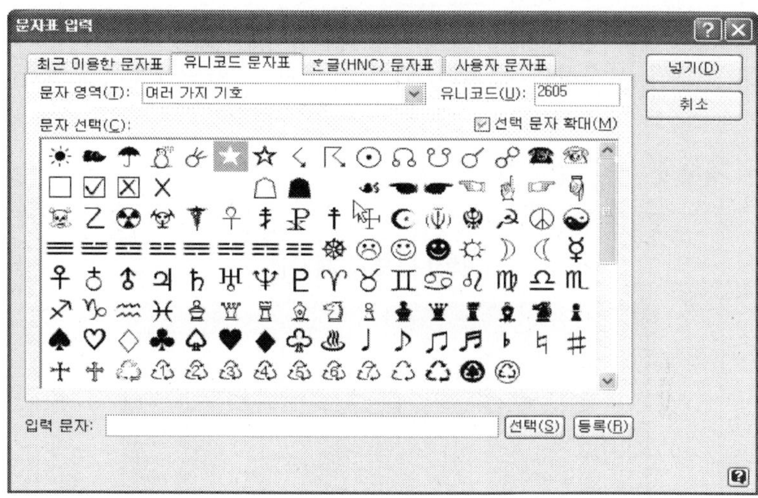

⠿ 글자 겹치기

한글에서 사용하는 문자가 아닌 경우에는 두세 글자 정도를 겹쳐
씀으로써 새로운 모양의 글자를 만들 수 있다.

[입력]-[글자 겹침]

⁝ 글자 모양 복사하기

글자 모양 복사하기는 커서 위치의 글자 모양을 다른 곳으로 간편하게 복사하는 기능으로 특정한 모양을 반복적으로 자주 지정해야 하는 경우에 매우 편하게 쓸 수 있다.

[모양]-[모양 복사]

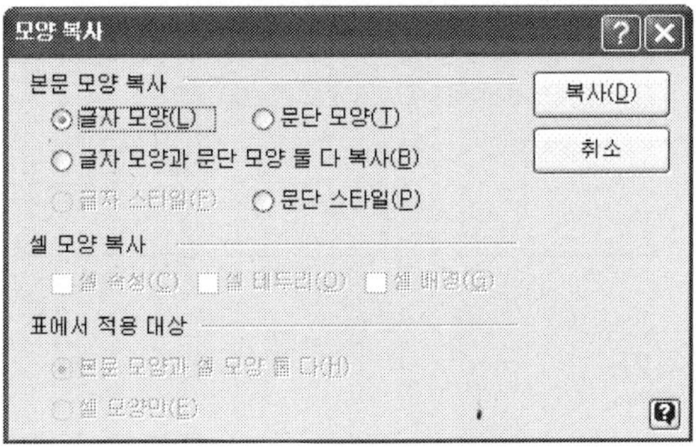

⁝ 블록 설정

블록은 편집 기능이 적용될 범위를 미리 지정하는 것을 말한다. 즉 본문 중의 내용 일부를 복사하거나 지울 때 또는 앞서 살펴본 글자 모양이나 후에 알아볼 문단 모양을 바꾸고자 할 때 등 여러 가지 기능을 수행할 때에는 먼저 원하는 내용을 블록으로 설정한 다음에 각종 편집 기능을 실행해야 한다.

글자판으로 블록 설정하기

글자판의 <F3>을 이용하는 방법

본문에서 어떤 낱말에 커서를 놓고 <F3>을 두 번 누르면 그 낱말
이 블록으로 설정

<Shift>를 이용하여 블록을 설정하는 방법

마우스로 블록설정하기

블록을 시작할 부분에 마우스 포인터를 놓고
왼쪽 마우스 왼쪽 단추를 누른 채로 블록으로 설
정할 내용의 끝 부분까지 마우스를 드래그한다.

본문에서 어떤 낱말에 마우스 포인터를 가져다
놓고 왼쪽 마우스 단추를 두 번 누르면, 그 낱말
이 블록으로 설정되고 세 번 누르면 그 문단이
블록으로 설정된다. <Shift>를 이용하여 블록을
설정하는 방법

본문의 왼쪽 여백에 마우스 포인터를 가져다
놓으면 <그림 4.1>과 같이 마우스 포인터가 오른
쪽을 가리키는 모양으로 바뀌게 된다.

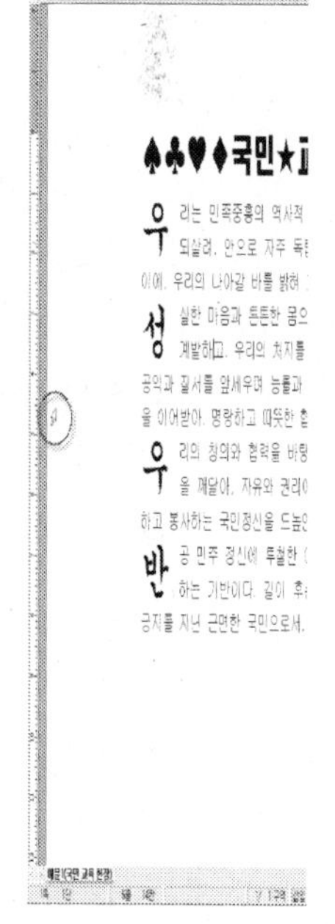

⁑ 글자판과 마우스로 블록 설정하기

글자판과 마우스를 동시에 이용을 하여 블록을 설정하는 방법은 먼저 블록으로 지정할 내용의 시작 위치에 커서를 놓고 나서 블록으로 지정할 내용의 끝 부분에 마우스 포인터를 가져다 놓고 글자판의 <Shift>를 누른 채로 왼쪽 마우스 단추를 한 번 누른다.

⁑ 칸 단위 블록 설정하기

칸 단위 블록이란 하나의 문단이 한 줄로 이루어진 내용을 칸 단위로 즉, 위아래 방향으로 블록을 설정하는 것을 말한다.

<F4>를 이용하여 블록을 설정하는 방법은 우선 칸 단위로 블록을 설정하기 위한 자리에 커서를 놓고 <F4>를 누른다. 그리고 나서 오른쪽 또는 왼쪽 방향의 화살표 키를 눌러 원하는 칸 단위까지 블록으로 설정한다.

① 글자판과 마우스를 같이 이용하여 블록을 설정하는 방법이 있다. 글자판과 마우스를 이용한 블록의 설정 방법은 우선 칸 단위 블록으로 설정할 내용의 시작 위치에 커서를 놓고 다음으로 글자판의 <Alt>를 누른 채로 블록으로 지정할 내용의 끝 부분까지 마우스를 드래그하면 칸 단위의 블록이 설정된다.

- 한글, 파워포인트, 엑셀

❖ 복사하여 붙이기

　이미 입력되어 있는 내용이 다른 곳에서 또 필요로 할 때 그 내용을 복사하여 그대로 옮겨 놓는 방식으로 다시 입력하는 번거로움을 줄여 주어 문서를 편집할 때 빠른 속도로 편집이 가능하도록 도와주는 기능이다.

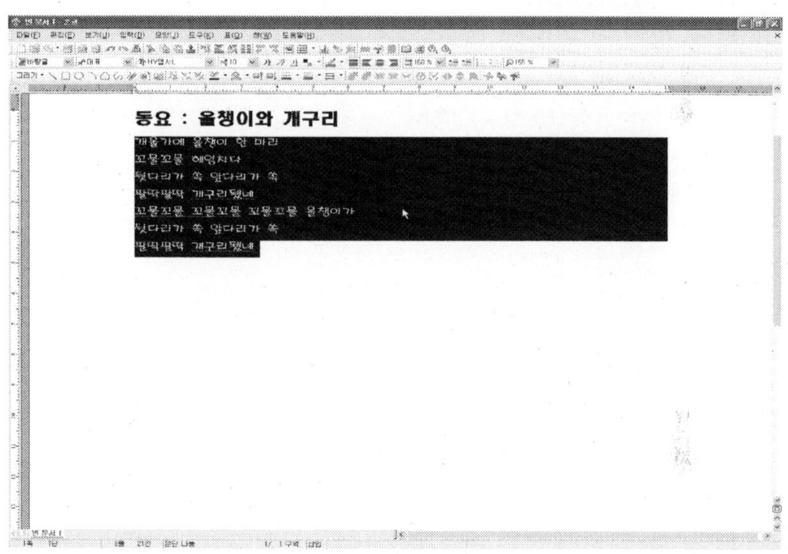

오려 내어 붙이기 기능

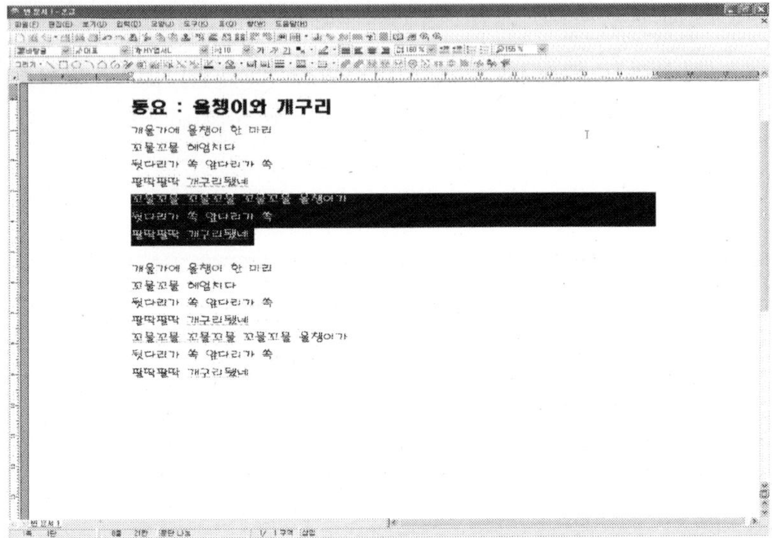

지우기 기능

[복사하기]와 [오려 두기]와 달리 그 내용이 클립보드에 기억되지는 않는다.

블록을 설정한 상태에서 글자판을 눌러 입력을 시작하면, 블록으로 설정된 부분이 자동적으로 지워지면서 그 자리에 새로운 내용이 입력된다.

블록을 설정한 상태에서 <Delete>나 <Backspace>를 눌러도 지우기와 똑같이 동작한다.

❖ 골라 붙이기 기능

윈도우의 한글 2007이 아닌 다른 프로그램에서 작업한 개체를 복사한
후 클립보드에 저장된 내용을 한글 문서 안에 삽입하는 기능을 말한다.

❖ 표 만들기

메뉴 표시줄에서 선택하는 방법

[표]-[표 만들기]

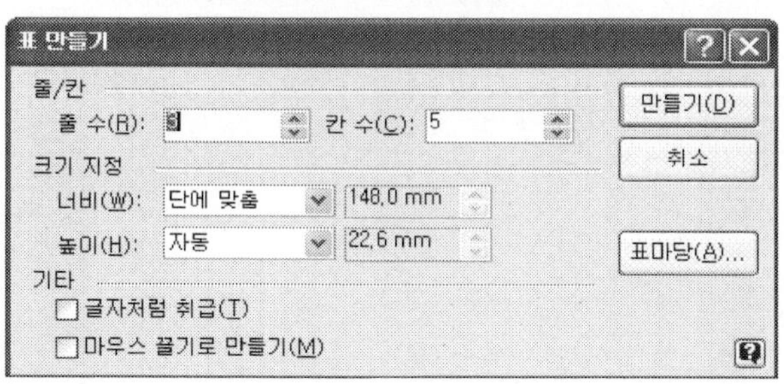

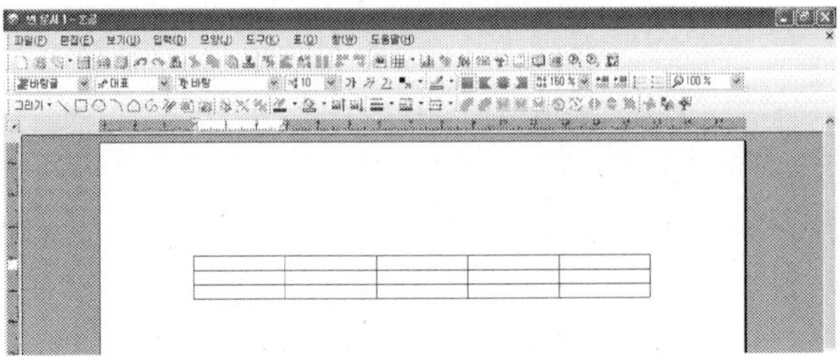

기본 도구 상자에서 만들기

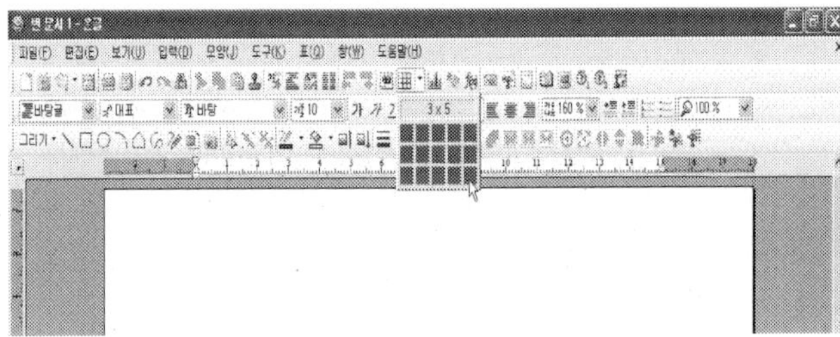

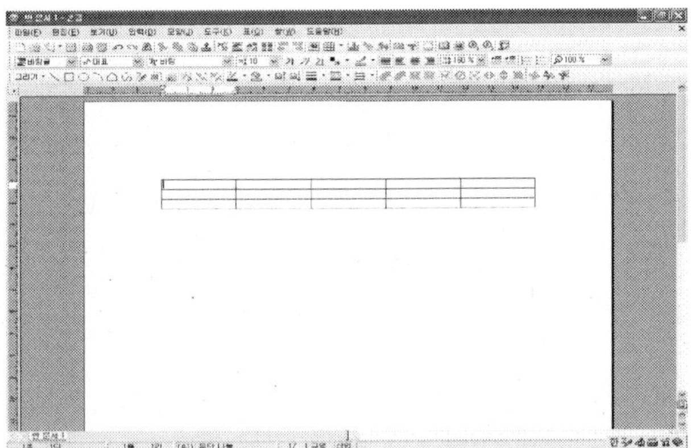

- 한글, 파워포인트, 엑셀

⋮ 표 그리기

표 그리기는 마우스를 사용하여 연필처럼 움직여 표를 만들 수 있고, 표에 줄이나 칸을 추가, 대각선 긋기 등 표를 쉽게 만들 수 있는 장점이 있다.

[표]-[표 그리기]를 선택

마우스 포인터 모양이 연필 모양(　　)으로 바뀐다.

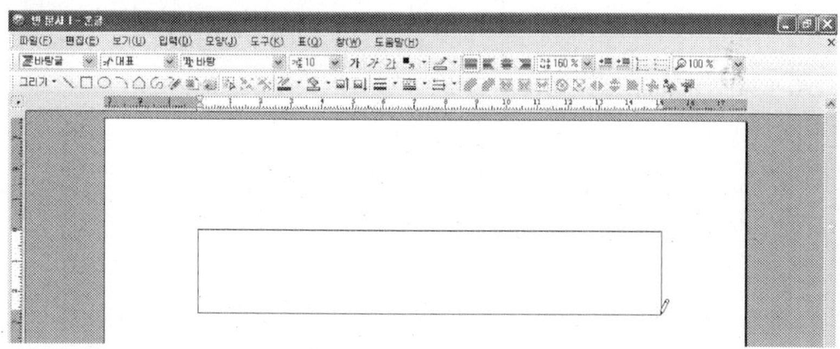

⋮ 표 블록 설정하기

자료를 입력한 후 자료들의 글자 모양이나 정렬 방식 등을 변경하려면 블록을 설정해 주어야 한다.

원하는 셀의 시작 셀에 마우스 포인터를 놓고 왼쪽 마우스 단추를 누른 상태에서 마지막 셀까지 드래그하면 블록이 설정.

우선 시작 셀에 마우스 포인터를 놓고 <F5>를 두 번 선택한다. 되면 셀 안에 붉은 색의 동그란 원이 생기게 되고 방향키를 이용하여 원하는 셀들에 블록을 설정.

학번	2500001	2500002	2500003	2500004
이름	홍길동	성춘향	이몽룡	진달래
성별	남자	여자	남자	여자

❖ 셀 크기 조정

셀 크기 조정은 각 셀의 크기를 조정하여 셀을 보기 좋은 크기로 조정하는 것을 말한다.

크기를 조정하고자 하는 셀의 경계선 위에 마우스 포인터를 놓으면 너비를 조정할 경우 마우스 포인터의 모양이와 같은 모양으로 바뀌게 되고 높이를 조정할 경우 마우스 포인터의 모양이와 같은 모양으로 바뀌게 된다. 마우스 포인터의 모양이 바뀐 후 왼쪽 마우스 단추를 누른 상태에서 바뀐 모양의 마우스 포인터를 원하는 크기만큼 이동을 하면 셀 크기가 조정된다.

<Shift>는 설정한 블록의 셀만 크기 조정이 되고, <Ctrl>은 설정한 블록의 셀뿐만 아니라 표의 크기도 따라서 조정이 된다.

크기를 조정하고자 하는 셀에 블록을 설정한 후 <Shift>나 <Ctrl>을 누른 상태에서 방향키를 누르면 크기 조정이 된다.

❖ 문자열을 표로 만드는 조정

문자열을 입력한 다음 표를 만드는 방법도 존재한다. 미리 표를 만들고 일일이 셀을 이동하여 자료를 입력하는 것보다는 보다 편리한 기능이라 할 수 있다.

문자열을 표로 만드는 방법을 알아보면 그림과 같이 원하는 자료를 입력하되 각 항을 <Tab>으로 구분하여 입력 후 블록을 지정해 준다.

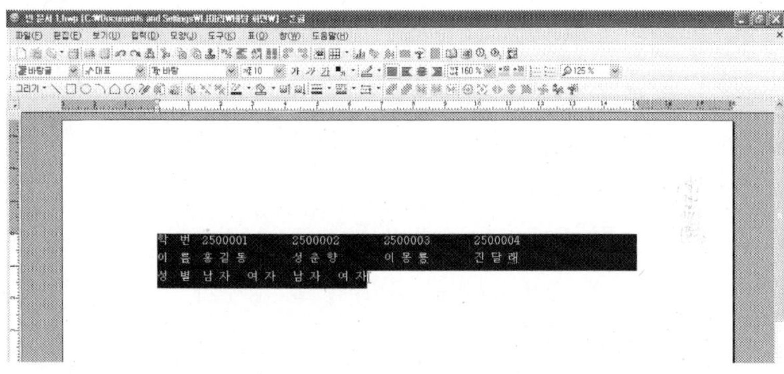

블록 설정 후 메뉴 표시줄의 [표]-[문자열을 표로]를 선택하면 그림과 같은 문자열을 표로 만들기 창이 나타나게 되고 [자동으로 넣기]를 선택 후 설정을 선택한다.

⁑ 줄 / 칸 추가하기

메뉴 표시줄에서 선택하기는 줄이나 칸을 추가하고 싶을 경우 메
뉴 표시줄에서 선택하는 방법
　[표] - [줄 / 칸 추가하기]

　®<Tab>과 <Ctrl> + <Enter>을 이용하여 줄을 추가

줄 또는 칸 지우기란 문서 내에서 표를 편집하다 보면 줄 또는
칸을 지나치게 많이 그려 그것을 지워야 할 경우가 발생한다.

[표] - [줄 / 칸 지우기]

－ 한글, 파워포인트, 엑셀

⁝ 셀 나누기

셀 나누기란 표를 만든 후 자료를 입력하다 종종 두 개 이상의 셀을 나눠야 할 경우가 생긴다. 이때 표를 다시 만들지 않고 현재 커서가 위치한 셀 또는 셀 블록의 셀들을 두 개 이상의 셀로 나누는 방법이다.

[표]-[셀 나누기]

░ 셀 합치기

　　셀 합치기란 표를 만든 후 자료를 입력하다 보면 두 개 이상의
셀을 합쳐야 할 경우가 종종 생기곤 한다. 이때 표를 다시 만들지
않고 셀 블록으로 설정한 두 개 이상의 셀을 하나로 합치는 방법이
셀 합치기이다.

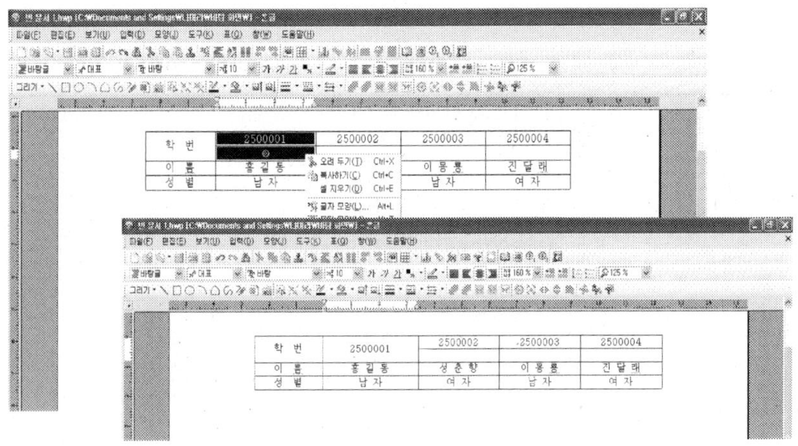

░ 표 나누기 붙이기

　　만들어진 표가 종종 다음 쪽으로 넘어가거나 혹은 표를 나누지
않아야 할 곳에 실수로 표를 나누어 표를 읽을 때 불편한 경우가
종종 발생한다. 이럴 경우 하나의 표를 둘로 나누어 편집을 하거나
또는 둘로 나뉘어 있는 표를 다시 하나로 합쳐 편집을 하면 훨씬

보기 좋은 문서가 될 것이다.

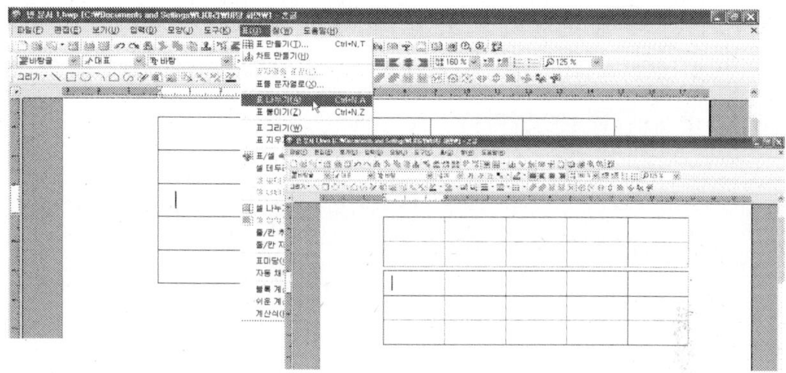

표 셀 속성 바꾸기

표 / 셀 속성 바꾸기는 표를 만든 후 표 또는 셀의 크기, 위치, 여
백, 캡션 등을 설정하는 것을 말한다.

❖ 셀 테두리 배경 기능

표를 만든 후에 만들어진 표의 각 셀에 테두리의 모양을 바꾸거나 대각선 긋기, 셀마다의 배경색과 배경 그림 등을 넣어 표를 좀 더 보기 좋게 만들 수 있다.

❖ 문단 정렬하기

문단 정렬 방식은 문단 안의 한 낱말이 오른쪽 여백에 걸릴 때, 어떤 방식으로 정렬할 것인가를 선택하는 기능이다.

- 한글, 파워포인트, 엑셀

[모양]-[문단 모양]

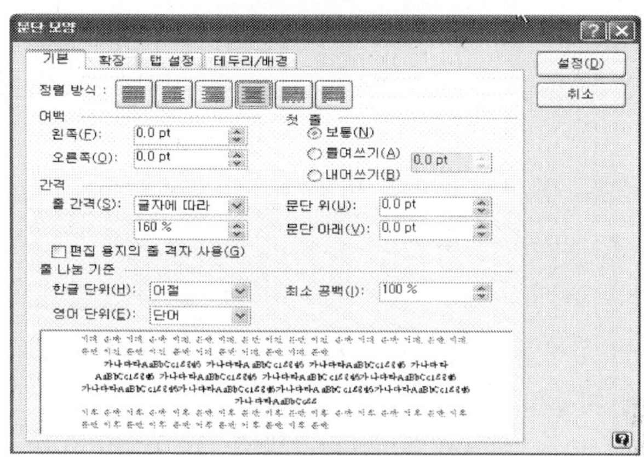

정렬 종류	정렬 방법	정렬의 예
양쪽 정렬	양쪽을 가지런하게 맞추는 방식이다.	문단 정렬 방식 중 양쪽 정렬 방식은 양쪽을 가지런하게 맞추는 방식이다.
왼쪽 정렬	왼쪽을 가지런하게 맞추는 방식이다.	문단 정렬 방식 중 왼쪽 정렬 방식은 왼쪽을 가지런하게 맞추는 방식이다.
오른쪽 정렬	오른쪽을 가지런하게 맞추는 방식이다	문단 정렬 방식 중 오른쪽 정렬 방식은 오른쪽을 가지런하게 맞추는 방식이다
가운데 정렬	글자를 가운데로 모으는 방식이다.	문단 정렬 방식 중 가운데 정렬 방식은 글자를 가운데로 모으는 방식이다.
배분 정렬	글자 수에 상관없이 양쪽 맞춤을 하되, 글자 사이를 일정하게 띄우는 정렬 방식	문단 정렬 방식 중 배분 정렬 방식은 글자 수에 상관없이 양쪽 맞춤을 하되, 글자 사이를 일정하게 띄우는 정렬 방식이다.
나눔 정렬	글자 수에 상관없이 양쪽 맞춤을 하되, 어절 사이를 일정하게 띄우는 정렬 방식	문단 정렬 방식 중 나눔 정렬 방식은 글자 수에 상관없이 양쪽 맞춤을 하되, 어절 사이를 일정하게 띄우는 정렬 방식이다.

❖ 문단 여백

현재 작업 중인 문단의 왼쪽과 오른쪽의 각각 여백을 뜻하는 것이다.

문단 여백을 바꾸는 방법은 먼저 문단 여백을 바꿀 곳으로 커서를 옮긴 다음, [모양]-[문단 모양]을 실행하면 [문단 모양] 창이 나타나고, [기본] 탭의 [여백] 입력란에 원하는 만큼의 값을 입력한다.

서식 도구 상자를 활용하여 문단 여백을 지정하는 것은 왼쪽 여백을 빠르게 지정할 때 이것을 사용한다.

눈금자에서 직접 조절하는 방법은 눈금자의 왼쪽, 오른쪽 끝 표시를 마우스로 끌어 문단의 왼쪽, 오른쪽 여백을 바꾸는 것을 말한다.

❖ 첫 줄 들여쓰기 내어 쓰기

문단 첫 줄을 보통 모양으로 놓아둘 것인지 들여쓰기를 할 것인지 또는 내어 쓰기를 할 것인지 정하는 것을 뜻한다.

첫 줄의 들여쓰기 및 내어 쓰기의 방법은 우선 첫 줄 들여쓰기를 할 문단에 커서를 놓고 [모양]-[문단 모양]을 실행하면 [문단 모양] 창이 나타난다. [기본] 탭의 [첫 줄]에서 [보통], [들여쓰기], [내어 쓰기] 중 문서의 성격에 맞도록 알맞은 것을 선택하여 값을 입력하면 된다.

문서 편집을 함에 있어서 내어 쓰기를 적용할 때 첫 번째 줄의 시작 지점에 상관없이, 현재 커서 위치를 문단의 시작점으로 하는 첫 줄 내어 쓰기를 하려면 <Shift+Tab>을 눌러 빠른 내어 쓰기를 설정할 수 있다.

◆ 줄 간격 및 문단 간격

줄 간격을 바꾸려고 하는 문단에 커서를 옮겨 놓고, [모양]−[문단 모양]을 실행한다. [문단 모양] 창이 나타나면 [기본] 탭의 [줄 간격] 입력란에 원하는 줄 간격을 입력한다.

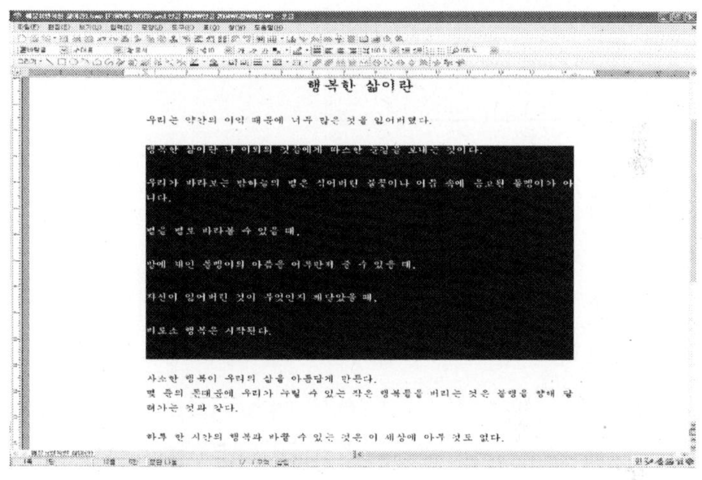

◆ 문단 번호 및 글머리표

문단 번호 및 글머리표는 여러 개의 항목을 나열할 때 문단의 머리에 번호를 매기거나 글머리표를 붙여 가면서 문서를 편집하여 문서를 보기 좋게 편집할 때 편리한 기능이다.

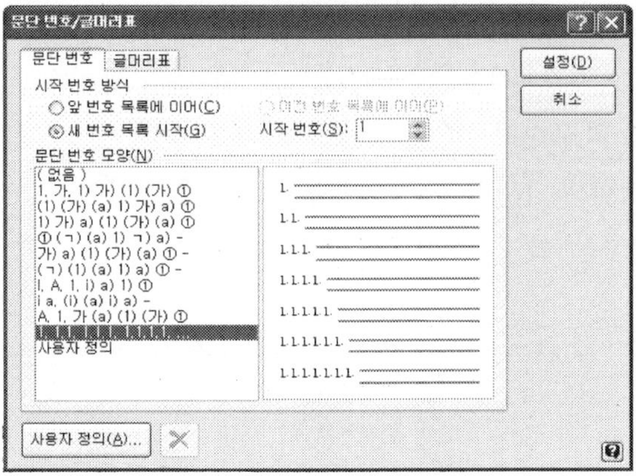

❖ 단 나누기

    단 작업이란 한 쪽(페이지) 안에서나 하나의 문서에서 여러 개의
단 모양을 사용하여 문서를 편집하는 것을 말한다.

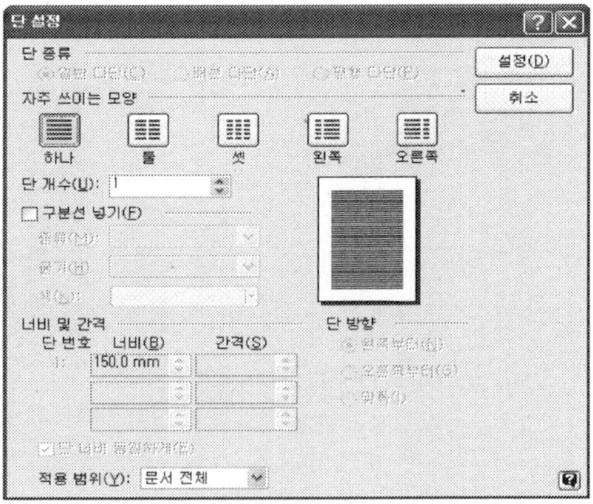

⁝ 파일에서 그림 넣기

파일에서 [그림 넣기]는 한글2007에서 그림을 그리는 기능이 아니
라 미리 준비된 그림 파일을 커서 위치에 삽입하는 기능을 뜻한다.

　[열기]를 누르면 마우스 포인터의 모양이 그림을 넣을 수 있는 모
양으로 바뀌고, 그림과 같이 편집 화면에서 그림을 넣을 위치로 마
우스를 옮긴 후, 원하는 크기로 마우스를 드래그한다.

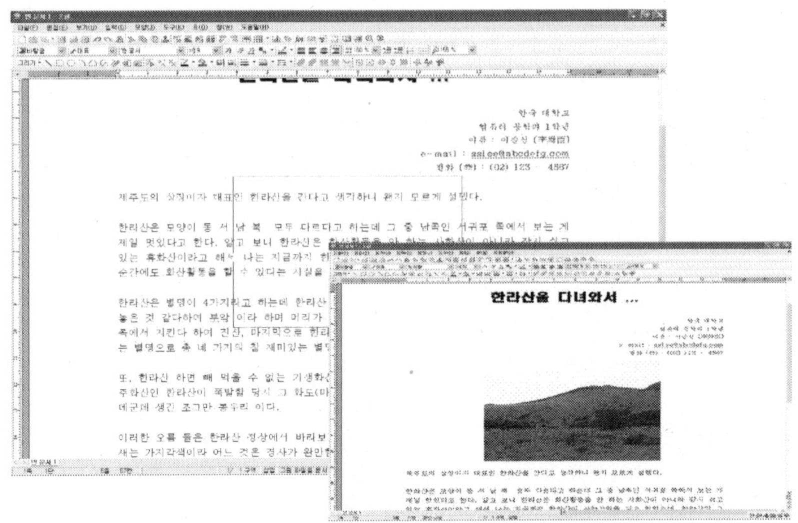

❖ 그림 자르기

그림의 일부분만을 잘라서 필요한 부분만 사용하는 경우도 종종 발생한다.

그림 자르기의 방법은 우선 일부만 필요한 그림을 선택한다. [그림 도구 상자]의 [그림 자르기] 단추(　)를 누른 후 그림 주위의 작은 네모점에 마우스 포인터를 놓으면 마우스 포인터의 모양이 바뀌고, 그림과 같이 왼쪽 마우스 단추를 누른 채 그림의 안쪽으로 드래그를 하여 그림의 일부를 필요 없는 부분만큼만 잘라 낸다.

❖ 그림 크기 조절

문서에서 삽입된 그림을 삽입한 후에도 그림의 크기를 원하는 만큼 확대하거나 축소하여 사용할 수 있다.

개체 속성을 이용하여 크기 조절

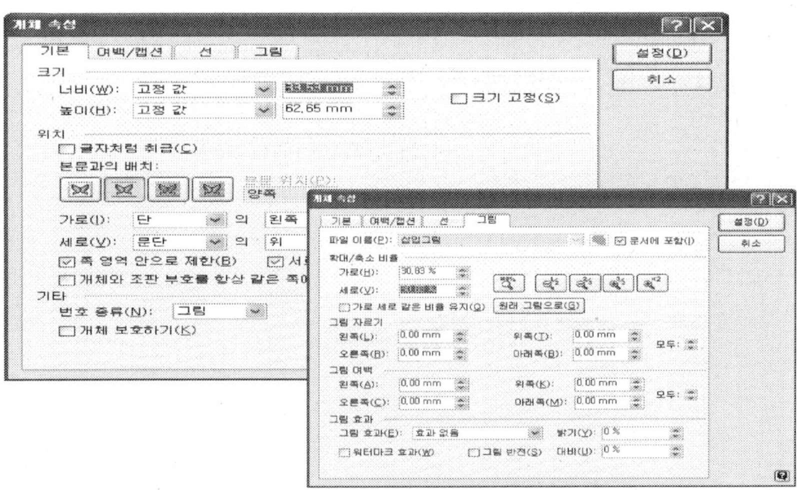

글자판을 이용하여 크기를 조절하는 방법은 그림을 선택한 상태에서 글자판의 <Shift>를 누른 채 각 방향 화살표 키를 눌러 그림의 크기를 조절하면 된다.

<Shift+←>: 그림의 너비를 1㎜ 줄인다.

<Shift+→>: 그림의 너비를 1㎜ 늘린다.

<Shift+↑>: 그림의 높이를 1㎜ 줄인다.

<Shift+↓>: 그림의 높이를 1㎜ 늘린다.

▓ 그림 배치하기

그림 배치 조절하기는 불러온 그림을 주변의 문서와 어떻게 배치를 할 것이지를 결정하는 기능이다.

이름	단추 모양	의미
어울림		그림과 본문이 같은 줄을 나누어 쓰되, 서로 자리를 침범하지 않고 본문이 그림에 흐르듯이 어울리도록 배치한다.
자리 차지		그림이 그림의 세로 높이만큼 줄을 차지하고 있기 때문에 그림이 차지하고 있는 영역에는 본문이 오지 못한다.
글 뒤로		그림이 없는 것처럼 본문이 채워지고, 그림은 본문의 배경처럼 사용된다.
글 앞으로		그림이 없는 것처럼 본문이 채워지고, 그림은 본문이 덮이도록 본문 위에 배치한다.

▚ 그림 그리기마당

그리기마당은 많이 쓰이는 개체를 미리 만들어 등록해 놓고, 필요할 때마다 등록된 개체를 가져다 원하는 그림을 쉽고 빠르게 그리는 방식을 뜻한다.

[입력]-[개체]-[그리기마당]

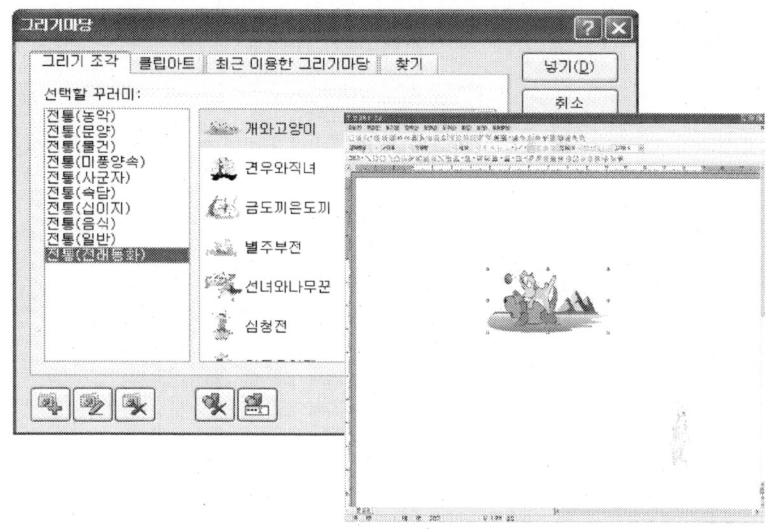

❖ 글맵시

글맵시는 글자를 구부리거나 글자에 외곽선, 면 채우기, 그림자, 회전 등의 효과를 주어 문자를 꾸미는 기능이다.

[입력]−[개체]−[글맵시]

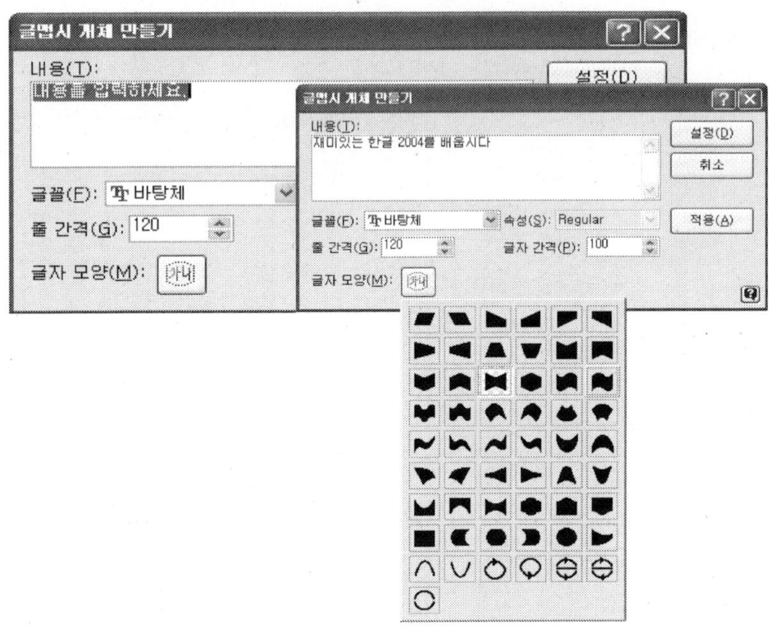

글상자 만들기

글상자란 본문 중간에 커다란 제목을 넣거나 혹은 박스형 요약글
을 활용할 때 이용되는 것을 말한다.

[입력] – [개체] – [글상자]

그리기 도구 상자의　　　를 클릭

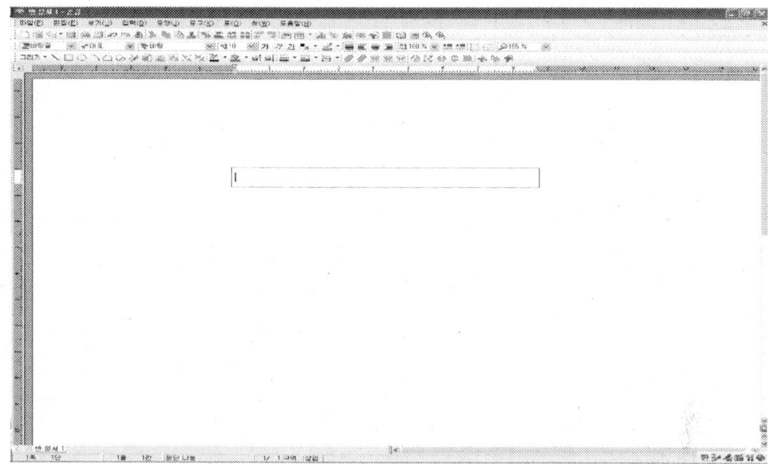

글상자에 내용 입력하기

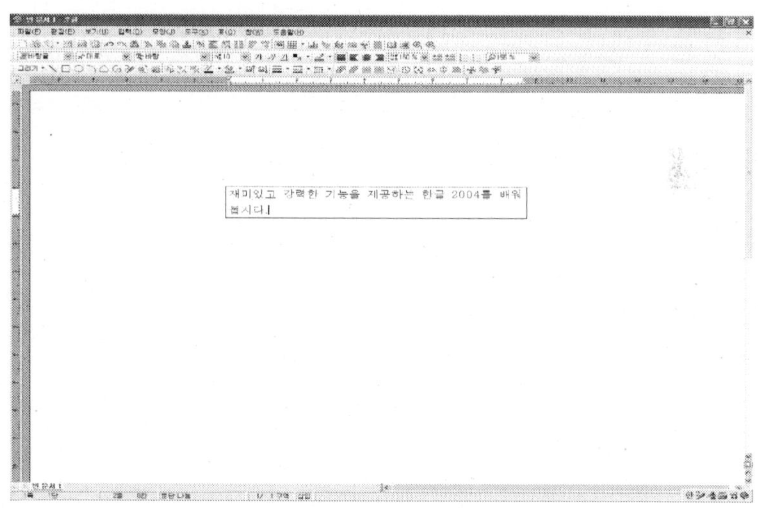

글상자 만들기

글상자 내용 한 줄로 입력하기

글상자에 글을 입력하면 글상자가 자동으로 아래쪽으로 늘어난다. 하지만 문서를 편집하다 보면 글상자의 틀 모양은 그대로 유지한 채 글상자 안의 내용만 바꾸어 넣어야 하는 경우가 발생하곤 한다.

[입력] - [개체 속성]

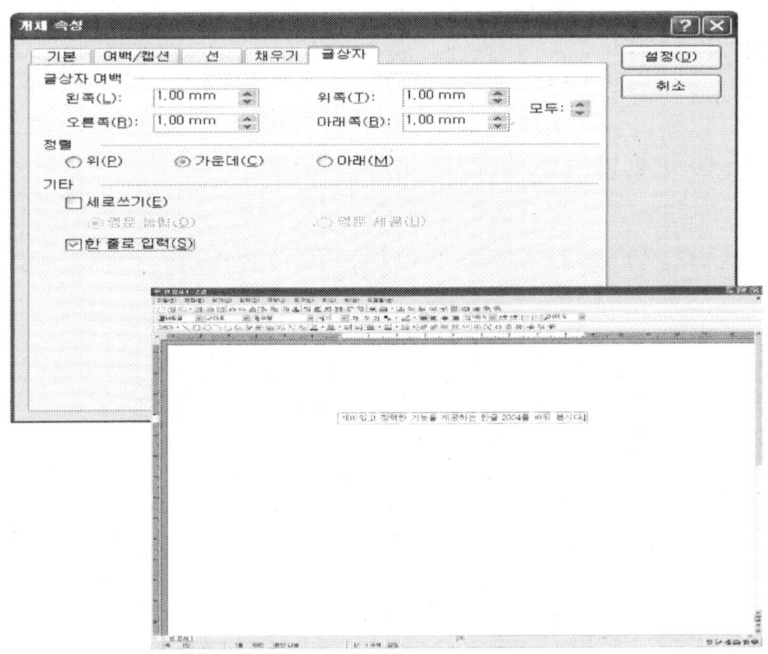

:: 편집 용지 설정

편집 용지 설정은 문서를 어느 크기의 종이에 편집할 것인지, 종이를 좁게 쓸 것인지 넓게 쓸 것인지, 그리고 종이의 상·하 또는 좌·우에 어느 정도 여백을 남길 것인지 등을 미리 정하는 기능을 뜻한다.

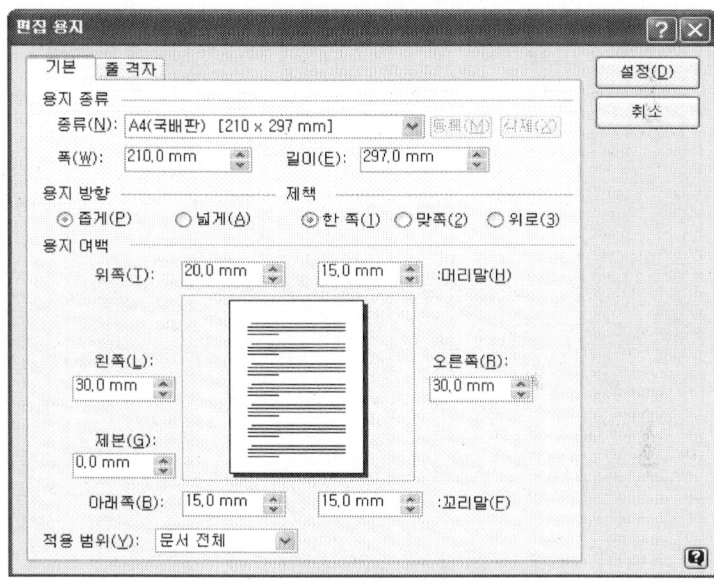

❖ 머리말과 꼬리말

　머리말과 꼬리말이란 하나의 쪽의 맨 위와 아래에 한두 줄의 내용이 매 쪽마다 고정적으로 반복되는 것이 있다. 맨 위에 위치하여 나타나는 한두 줄을 머리말이라고 하고, 또 맨 아래 한두 줄의 것을 꼬리말이라고 한다.

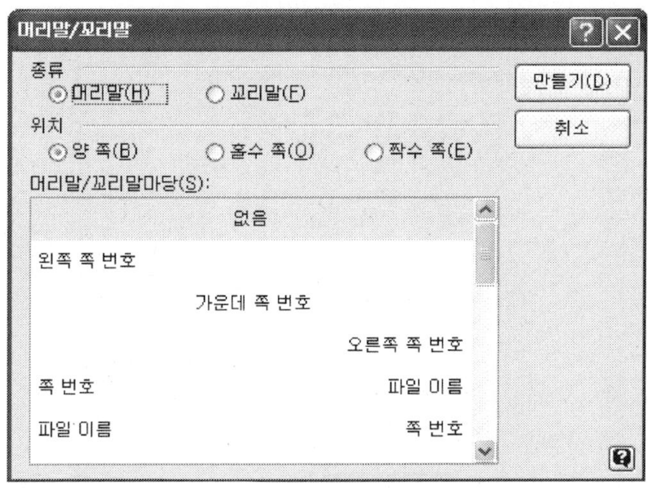

❖ 쪽 테두리 배경

　쪽 테두리 / 배경은 문서의 각 쪽마다 본문을 에워싸는 테두리를 넣거나 바탕색, 배경 그림 등을 넣어 문서를 보기 좋게 꾸미는 것을 말한다.

쪽 테두리는 현재 편집 중인 문서의 각 쪽마다 다양한 모양의 쪽
테두리 선을 넣을 수 있으며, 원하는 방향의 테두리만을 보이거나
감출 수 있는 기능이다.

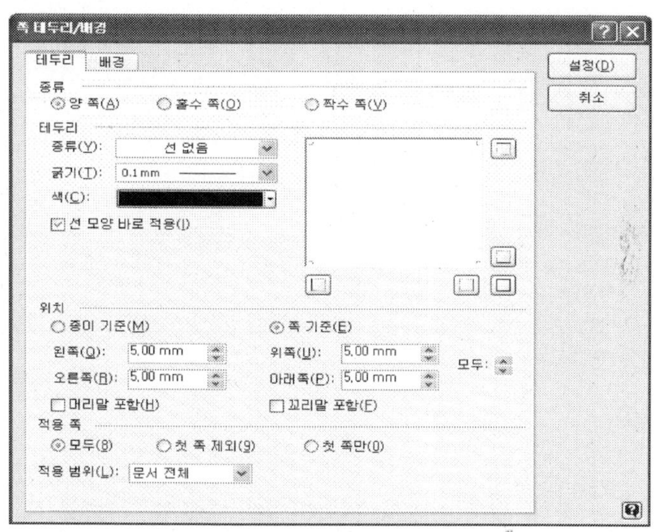

❖ 쪽 배경

쪽 배경은 문서의 배경을 색깔과 무늬로 채우거나 그러데이션으로
채우기, 또는 그림으로 채우기 등을 지정하여 다양한 채우기 효과를
내는 기능을 뜻한다.

바탕쪽

문서 전체 쪽에 공통으로 적용되는 쪽 모양은 [바탕쪽]에서 작성한다.

바탕쪽은 홀수 쪽과 짝수 쪽을 따로 지정할 수 있어, 맞쪽 문서를 작성할 때 펼쳐진 모양에 맞추어 원하는 모양대로 편집할 수 있다.

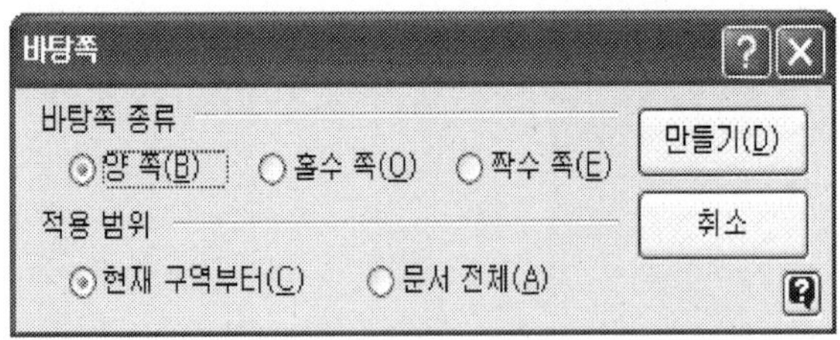

∷ 쪽 번호 매기기

쪽 번호 매기기는 복잡한 절차 없이 문서에 쪽 번호를 자동으로 매겨 주는 기능을 말한다.

쪽 번호를 붙여서 인쇄하고자 하는 쪽에 커서를 놓고, [모양]-[쪽 번호 매기기]를 실행.

∷ 새 번호로 시작

한글 2007에서 쪽 번호나 그림 번호, 표 번호, 수식 번호, 뒤에 다룰 내용인 각주/미주 번호 등을 매기면 번호가 차례대로 매겨진다.

쪽, 그림, 표, 수식, 각주/미주 등의 차례 번호를 특정한 부분 이후부터 새로운 번호로 시작하고 싶을 때 [새 번호로 시작]을 실행하여, 그 이후의 번호를 사용자가 지정한 새로운 번호로 다시 매길 수 있다.

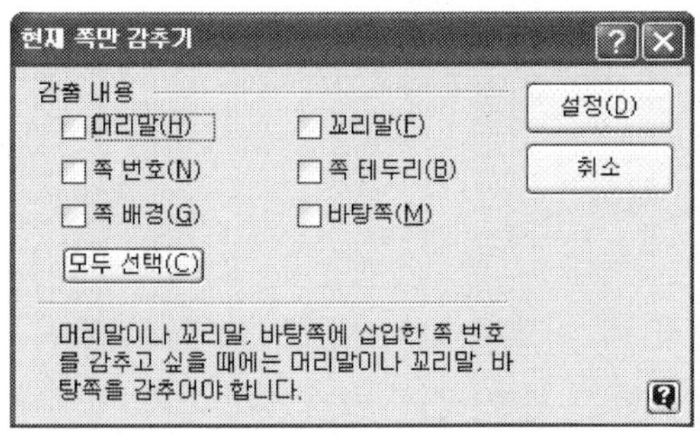

감추기

감추기는 머리말, 꼬리말, 쪽 번호, 쪽 테두리 / 배경, 바탕쪽 등이
들어 있는 문서에서 현재 커서가 있는 쪽에만 머리말, 꼬리말, 쪽
번호, 쪽 테두리, 문서 배경, 바탕쪽 등이 인쇄되지 않도록 지정하는
기능이다.

구 역

문서를 여러 개의 장으로 나누어 작성할 때에는 각 장마다 새 쪽 번호를 매기거나 배경 그림과 테두리 등을 각각 다르게 설정하는 경우가 많다. 이렇게 다르게 설정되는 경우를 지원하기 위하여 한글 2007에서는 [구역(section)]을 나눔으로써 위와 같은 작업을 쉽게 할 수 있도록 지원하였다.

구역을 나누는 방법은 새로운 구역이 시작될 곳에 커서를 놓고 [모양]-[구역]을 실행.

구역 지우기

구역을 지우는 방법은 [모양]-[구역] 또는 [모양]-[나누기]-[구역 나누기]를 실행하여 구역을 나눈 자리 앞에서 글자판의 <Delete>를 누르거나 혹은 구역을 나눈 뒤에서 글자판의 <Backspace>를 눌러 구역 나누기 표시를 지우면 하나로 합쳐진다.

각주와 미주

각주와 미주는 본문 내용에 대한 보충 자료를 구체적으로 제시하거나, 인용한 자료의 출처 등을 밝히는 주석을 뜻한다.
본문에서 각주를 넣을 낱말 뒤에 커서를 두고 [입력]-[주석]-[각주]를 실행.

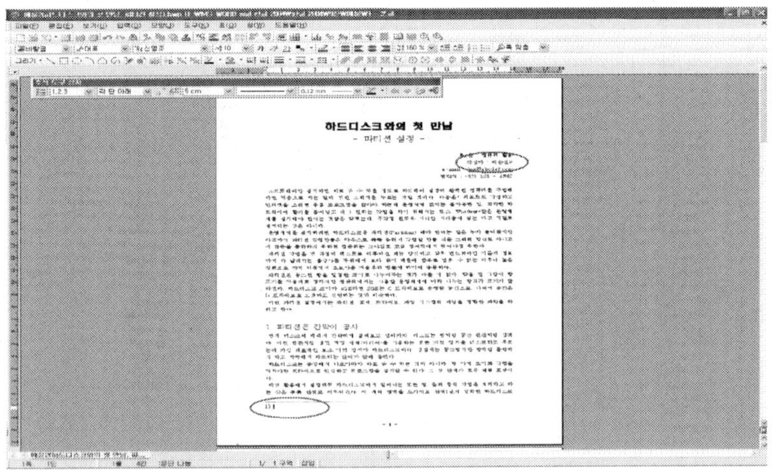

❖ 미주 삽입하기

미주를 삽입하는 방법은 각주를 삽입하는 방법과 매우 유사하다. 본
문에서 미주를 넣을 낱말 뒤에 커서를 두고 [입력]-[주석]-[미주]를
실행.

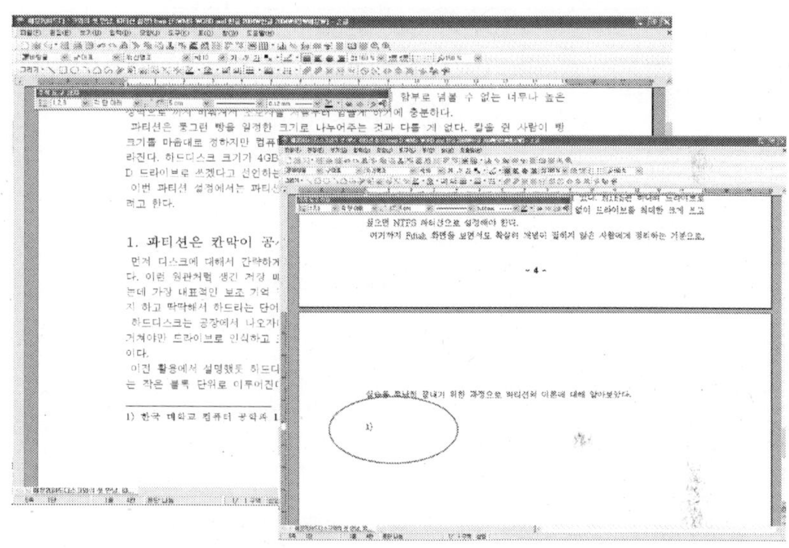

❖ 미주 각주 이동

각주 / 미주 이동의 방법은 각주와 미주를 삽입한 문서에서 [입력]
-[주석]-[각주<->미주]를 실행하면 각주 / 미주 이동은 현재 파일
에 들어 있는 모든 [각주]를 [미주]로 바꾸고, [미주]는 [각주]로 바꾸

는 기능이다.

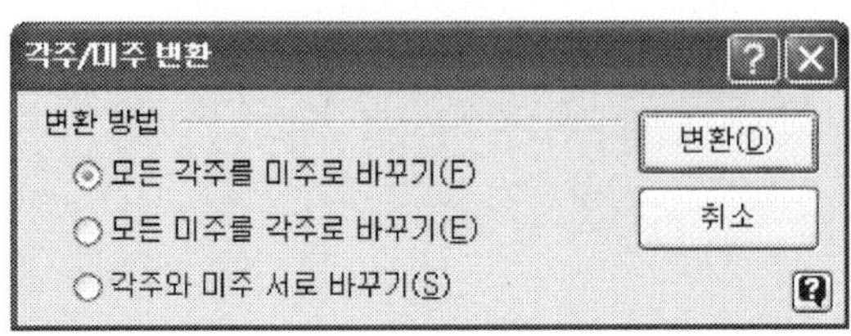

∴ 스타일 기능

자주 사용하는 글자 모양이나 문단 모양을 미리 정해 놓고 쓰는 것을 [스타일(styles)]이라고 한다.

스타일을 만들어 놓으면 필요할 때 그 스타일을 선택하는 것만으로 해당 문단의 글자 모양과 문단 모양을 한꺼번에 바꿀 수 있다.

새로운 스타일을 추가하고자 하는 문단에 커서를 놓고 [모양]-[스타일]을 실행.

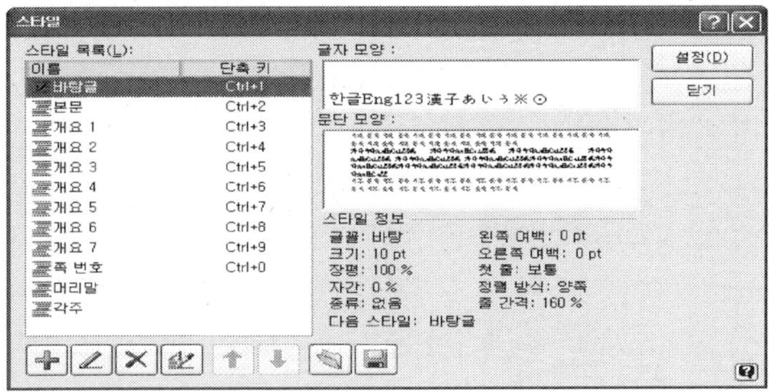

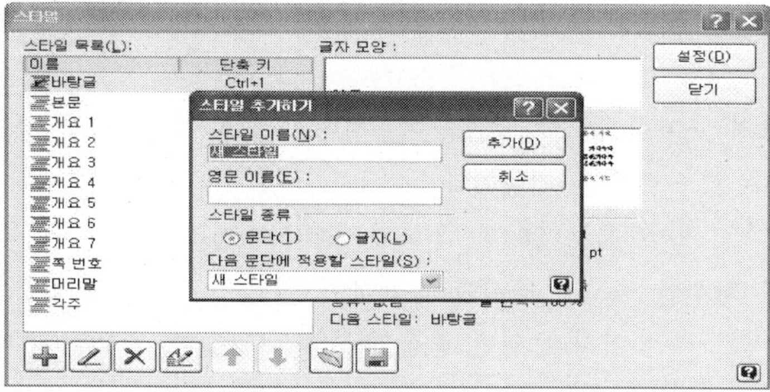

인쇄 기능

인쇄할 때 문서 전체나 일부를 여러 매 인쇄할 수 있고, 인쇄물의 용도에 따른 확대 / 축소 등 다양한 인쇄 조건을 지정할 수도 있다.

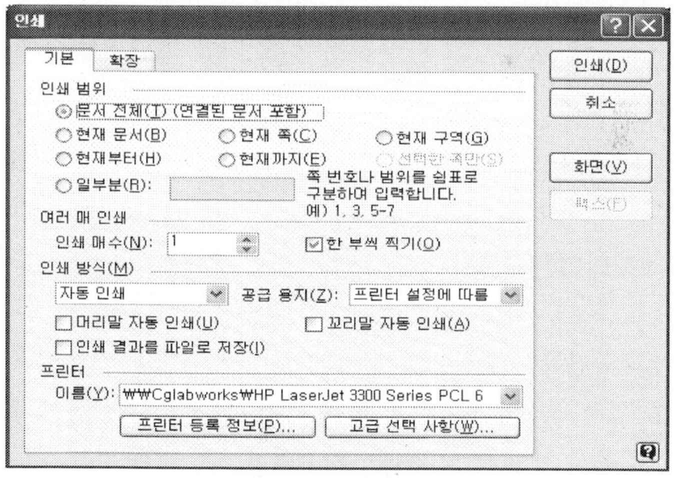

원고지 기능

원고지 쓰기란 한글 2007을 이용하여 원고지 위에 직접 글을 입력할 수 있도록 하는 기능이다.

원고지 쓰기에서는 200자 원고지, 400자 원고지, 1000자 원고지 중에서 작성할 원고지 종류를 선택하여 원고지 사용법에 맞추어 글을 입력할 뿐만 아니라 일반 편집 화면에서 작성한 문서를 가져다가 원고지에 작성한 글의 형태로 바꿀 수도 있다.

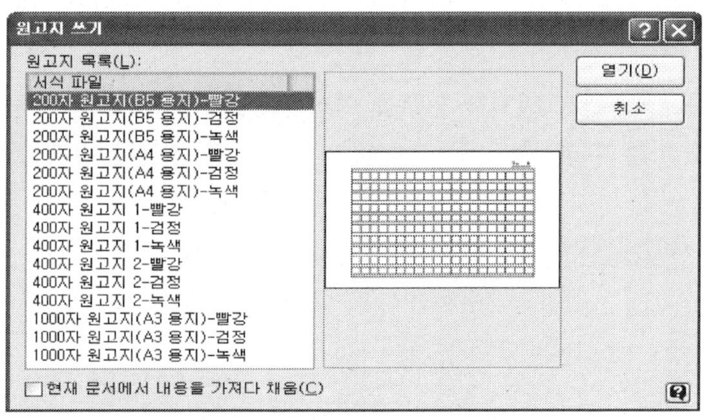

프레젠테이션 기능

프레젠테이션이란 한글에서 편집한 문서를 간단한 프레젠테이션을 이용하여 업무 보고를 할 수 있도록 그림이나 그러데이션이 깔린 배경 화면에 문서 내용을 나타내는 기능이다.

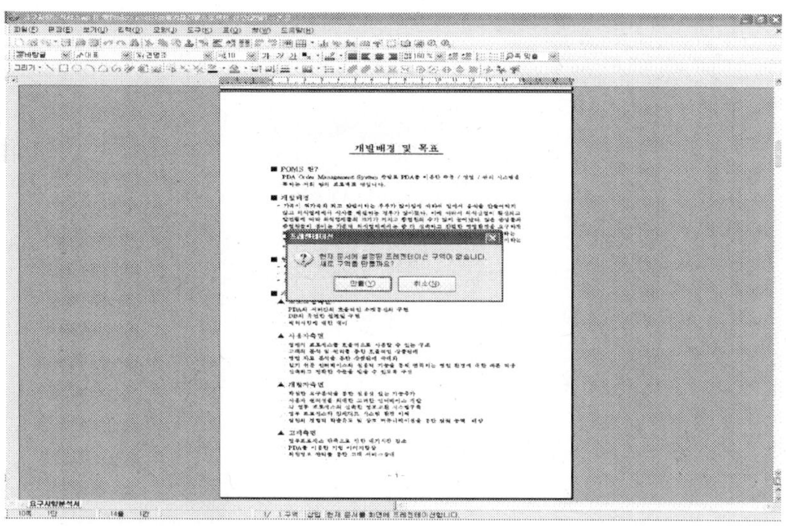

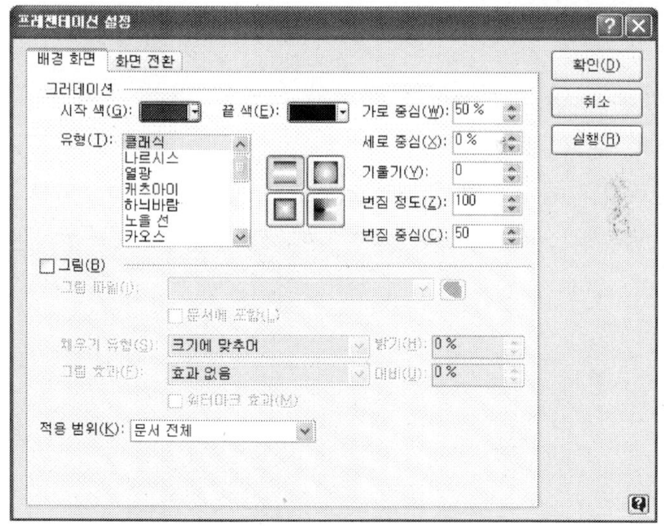

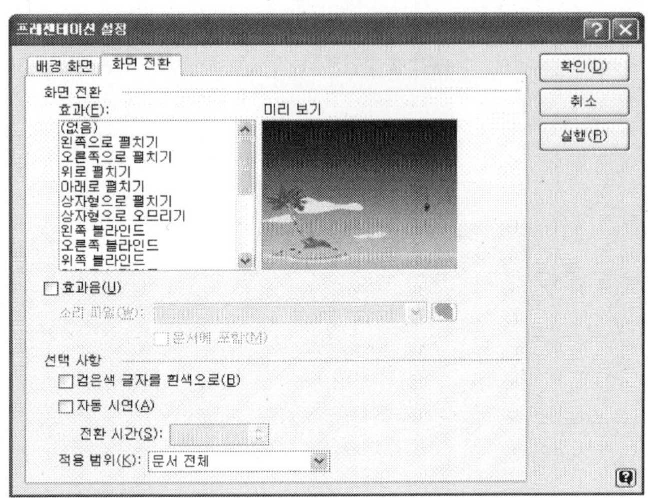

⁘ 문서마당 기능

문서마당은 자주 사용하는 문서의 모양을 미리 서식 파일(*.hwt)로 만들어 놓고 필요할 때마다 불러와 문서의 빈 부분만 채우면 문서를 빠르게 만들 수 있는 템플릿(template) 방식의 기능이다.

같은 종류의 서식 파일들을 한곳에 모아 놓은 폴더를 [문서마당 꾸러미]라고 한다.

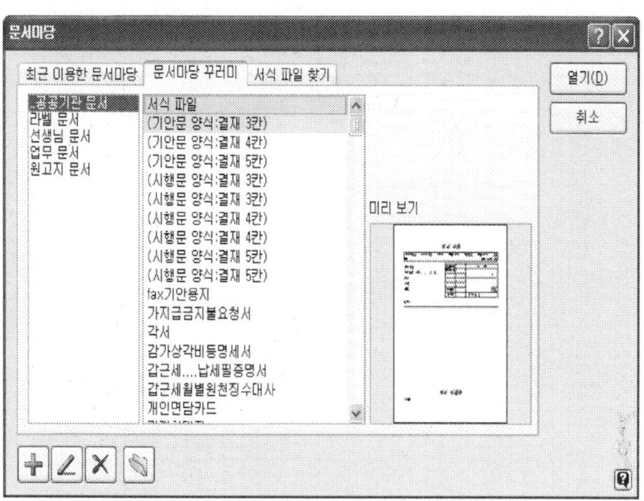

2. 파워포인트 활용

1) 프레젠테이션이란

발표, 소개란 의미로 자신의 생각이나 의견을 다양한 매체를 활용
하여 상대방에게 전달하는 행위를 말한다.

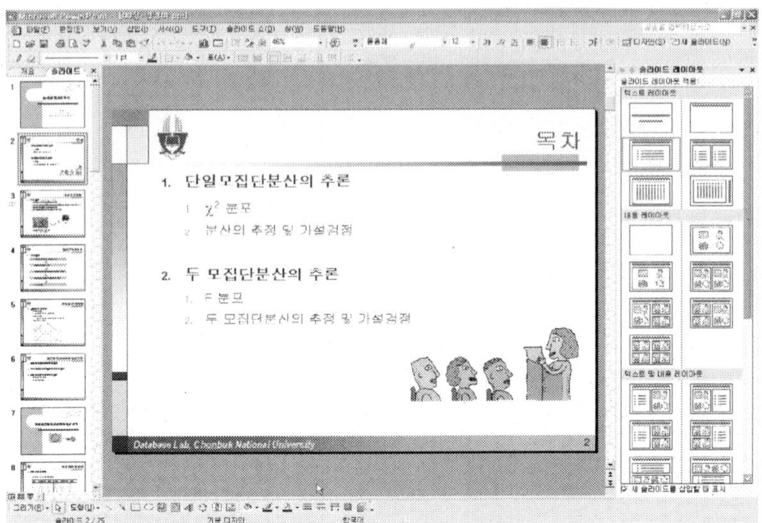

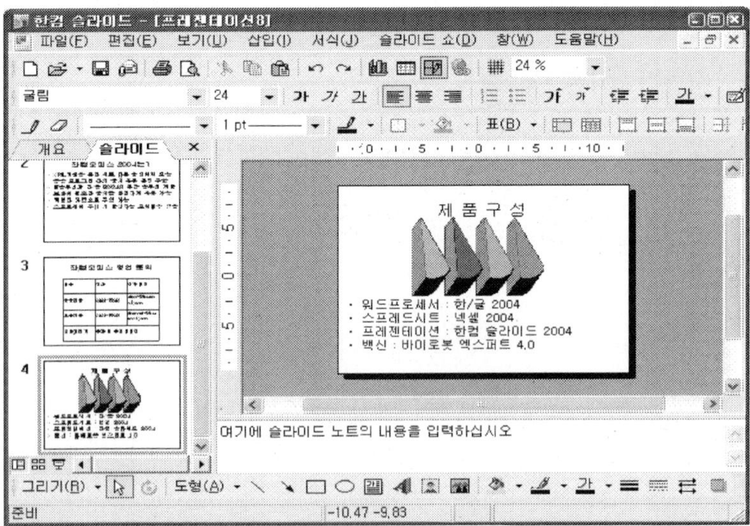

프레젠테이션의 주요 목적은 발표자의 내용을 보다 쉽고 빠르게 전달하는 데 있다.

청중의 시선을 집중시키기 위해서 애니메이션이나 동영상 처리 기법 등을 적극 활용해야 한다.

발표는 서론, 본론, 결론이나 기·승·전·결 등의 논리적이고 체계적으로 작성하되 청중의 눈높이에 맞도록 언어와 표현 방법을 쓴다.

시선을 집중시키기 위해 동적이고 도해식 표현법을 적극 활용한다. 예를 들면, 이해를 돕기 위해 그림, 도표, 차트 등을 활용하여 중요한 포인트를 강조 및 축약하여 작성한다.

2) 파워포인트 화면구성

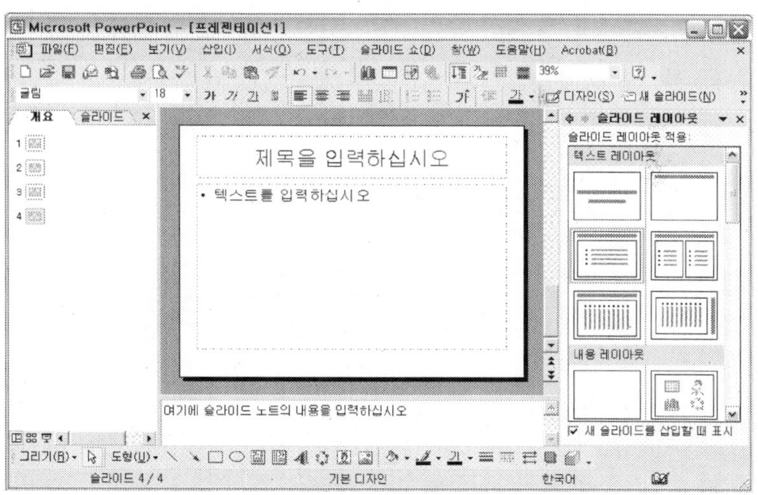

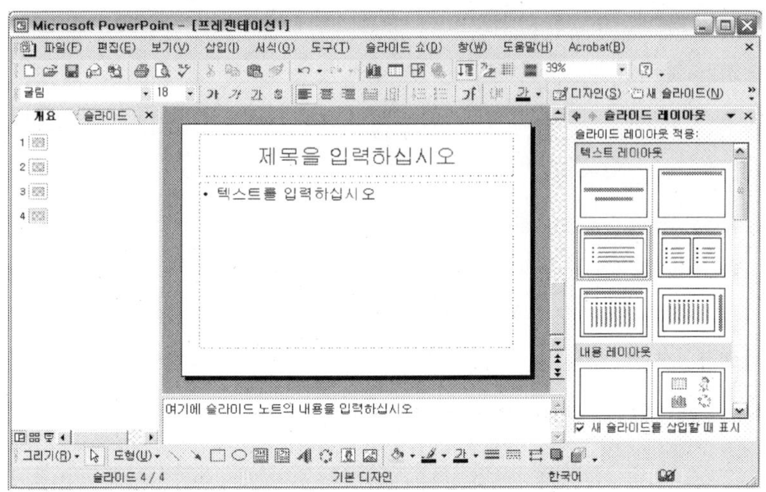

슬라이드는 파워포인트에서 글과 그림, 차트 등을 입력하여 자신의 생각을 구체적으로 표현해 내는 작업 공간이다.

텍스트 레이아웃, 내용 레이아웃, 텍스트 및 내용 레이아웃, 다른 레이아웃 등의 여러 가지 슬라이드가 제공된다.

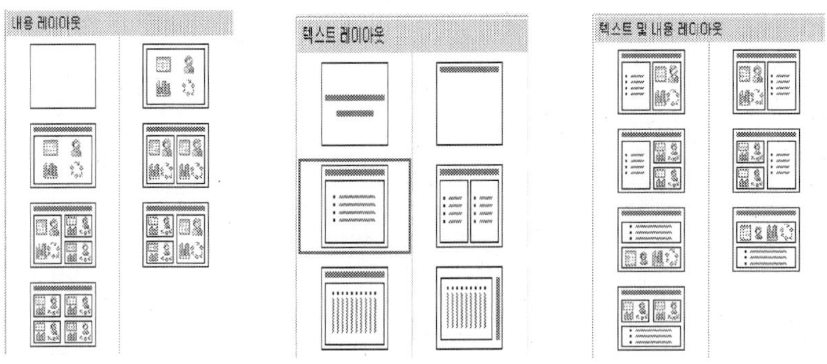

⁑ 제목슬라이드

파워포인트의 첫 번째 기본 슬라이드로 제목을 작성할 때 사용하
는 슬라이드이다.

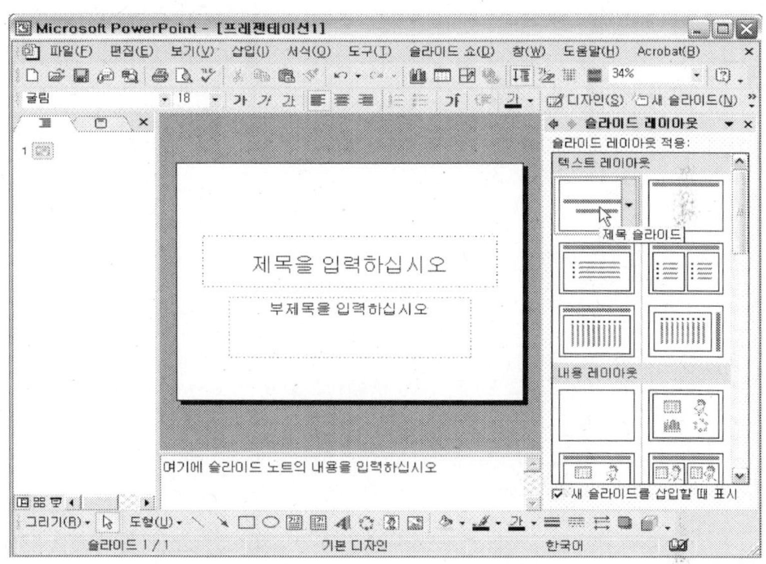

⁑ 텍스트 슬라이드

텍스트 슬라이드는 내용 작성을 위한 글 작업의 슬라이드를 말한다.

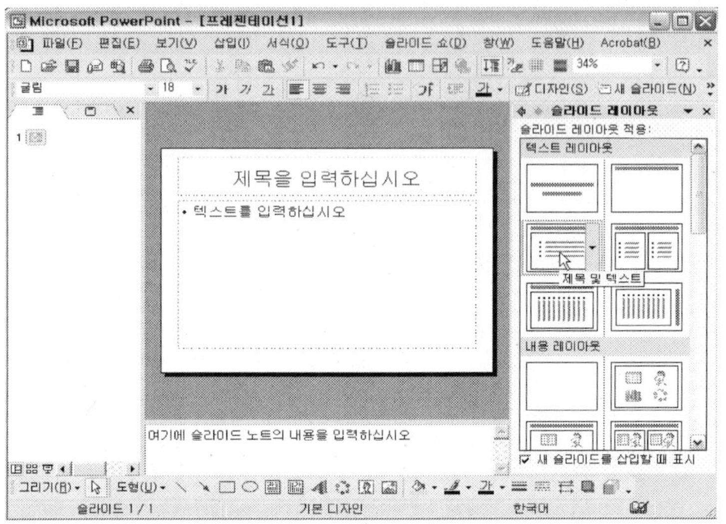

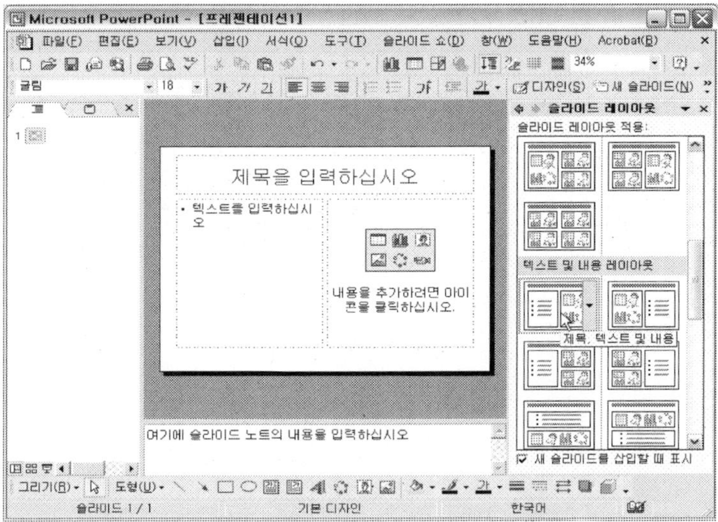

프로그램(P)
문서(D)
설정(S)
검색(C)
도움말 및 지원(H)
실행(R)...
Guest 로그오프(L)...
컴퓨터 끄기(U)...
Windows XP Professional
시작
Outlook Express
Microsoft Access
Microsoft PowerPoint
Microsoft Excel
Microsoft FrontPage
Microsoft Word
Microsoft Outlook
MSN Explorer
Internet Explorer
MSN Messenger 7.0
AhnLab
AutoCAD R14
한글과컴퓨터
독서교육지원시스템
나모 웹에디터 5 파워 플러스

❖ 파일 저장

Microsoft PowerPoint - [프레젠테이션1]
파일(F) 편집(E) 보기(V) 삽입(I) 서식(O) 도구(T) 슬라이드 쇼(D) 창(W) 도움말(H) Acrobat(B)
새로 만들기(N)...   Ctrl+N
열기(O)...   Ctrl+O
닫기(C)
저장(S)   Ctrl+S
다른 이름으로 저장(A)...
웹 페이지로 저장(G)...
검색(H)...
웹 페이지 미리 보기(B)
페이지 설정(U)...
인쇄 미리 보기(V)
인쇄(P)...   Ctrl+P
보내기(D)
끝내기(X)
12회 백두들꽃제
제목을 입력하십시오
새 프레젠테이션
프레젠테이션 열기
프레젠테이션...
새로 만들기
새 프레젠테이션
디자인 서식 파일
내용 구성 마법사
기존 프레젠테이션에서 새로 만들기
프레젠테이션 선택...
서식 파일에서 새로 만들기
일반 서식 파일...
내 웹 사이트의 서식 파일...
Microsoft.com의 서식 파일
네트워크 환경 추가...
Microsoft PowerPoint 도움말
시작할 때 표시
여기에 슬라이드 노트의 내용을 입력하십시오
그리기(R)   도형(U)
슬라이드 1 / 1   기본 디자인   한국어

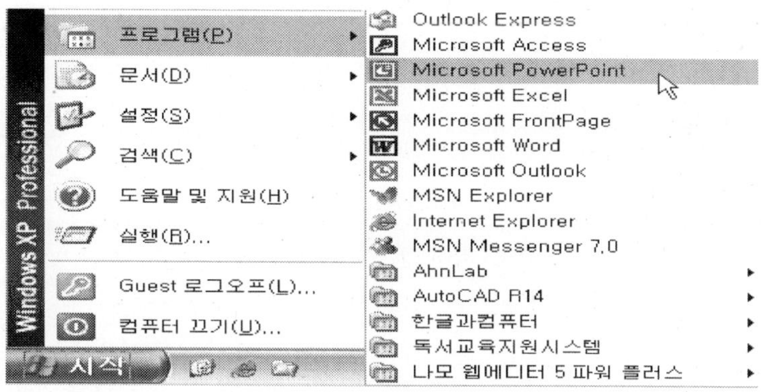

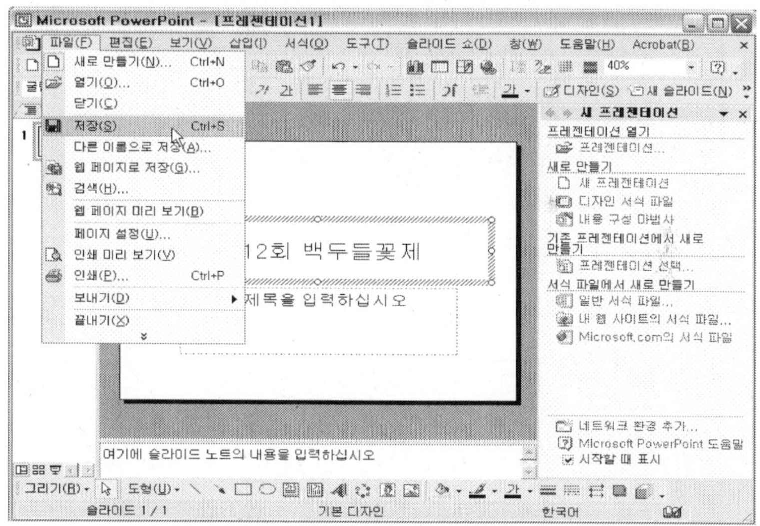

▌파일 끝내기

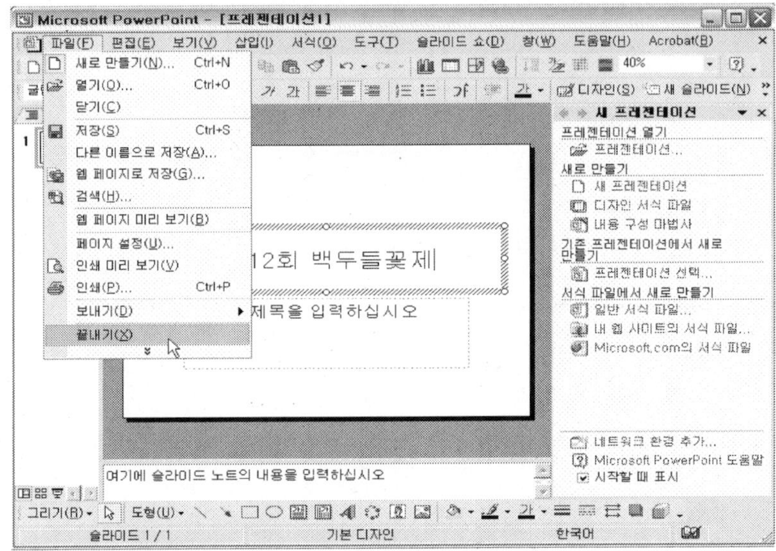

▌마스터 정의

파워포인트에는 서로 어울리는 슬라이드 배경이나 글꼴, 글머리 기호와 같은 서식을 한데 묶어 하나의 디자인서식 파일을 만들어 사용자에게 제공한다.

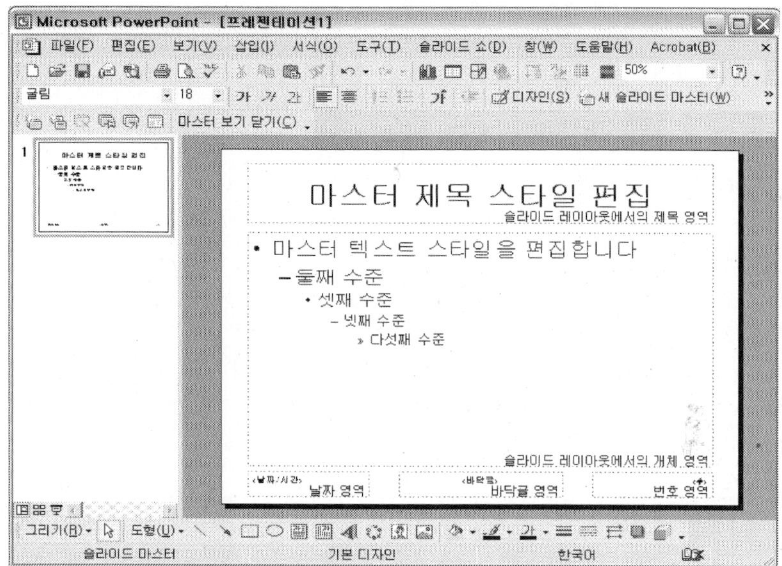

❖ 마스터 편집

보통 회사의 로고나 상징적인 그림 등을 제목 슬라이드를 제외한 모든 슬라이드에 배치해 발표의 주체나 주제를 명확히 하곤 한다.

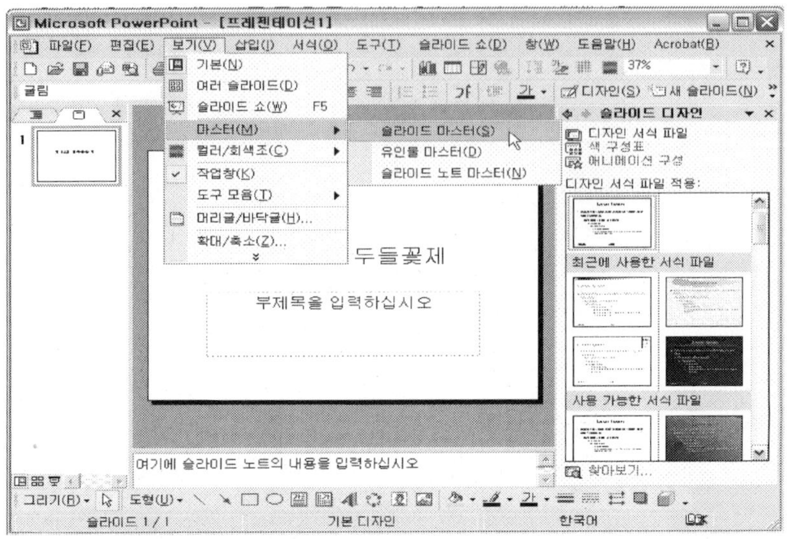

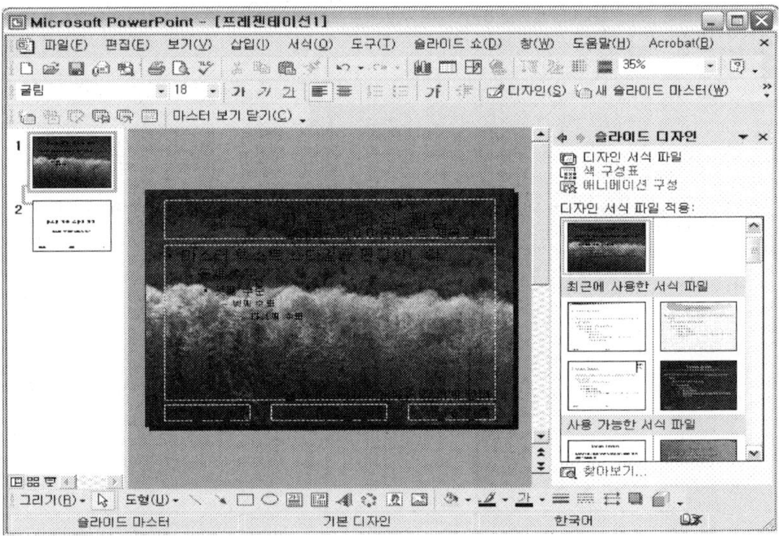

⁝ 새 슬라이드 삽입하는 방법

<Ctrl>+<M>을 누르고, "슬라이드 레이아웃" 창에서 적합한 슬라이드(제목 및 텍스트)를 선택한다.

총 5단계에 걸쳐 하위단계로 내려갈 수 있는데, <Tab>키를 이용하면 된다.

새 슬라이드 삽입한 후 슬라이드 레이아웃에서 "제목, 텍스트 및 클립아트"를 선택.

또는 일반적인 "제목 및 텍스트" 슬라이드를 선택하고 [삽입]-[그림]-[그림파일 / 클립아트]를 실행한다.

텍스트 자료는 입력하고, 클립아트 아이콘을 더블 클릭해서 그림 선택 창을 실행한다.

　그림 선택 창이 뜨면 필요한 클립아트를 더블 클릭하여 삽입하거나 [가져오기]를 통해 "추가" 등록해서 사용하도록 한다.

▸ 조직도 삽입

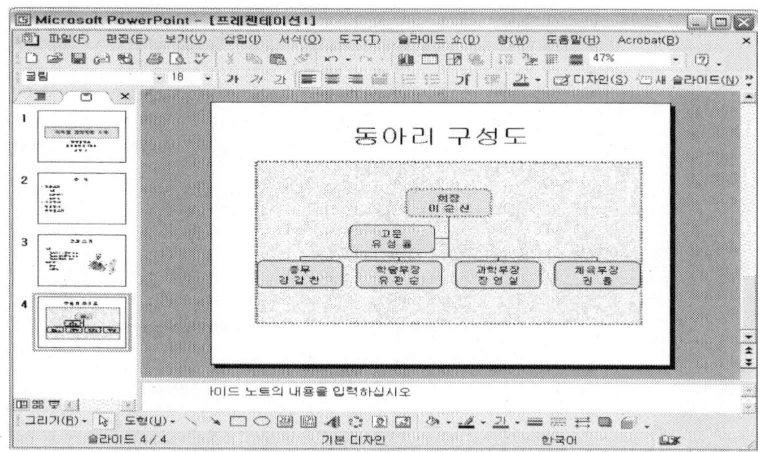

▸ 메뉴의 [삽입]→[그림]→[조직도]를 선택

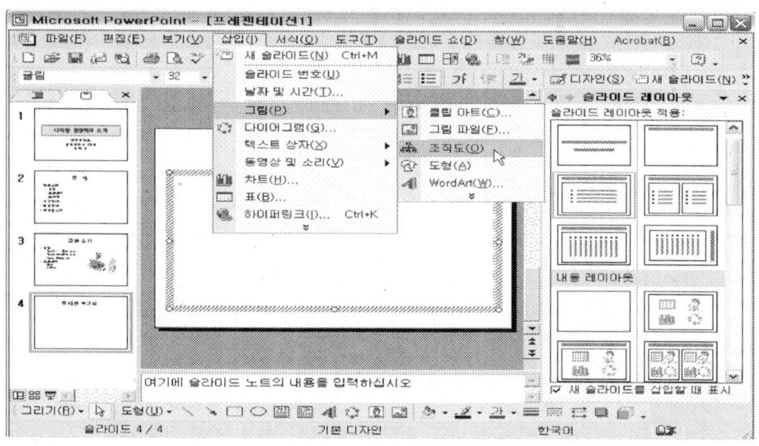

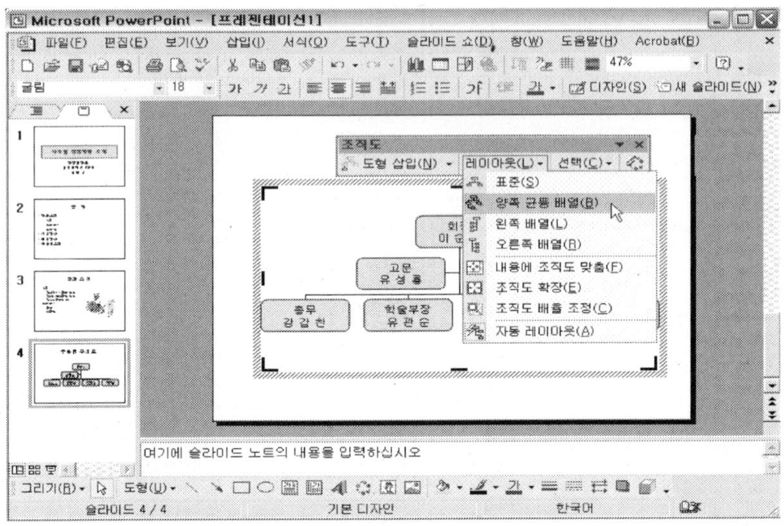

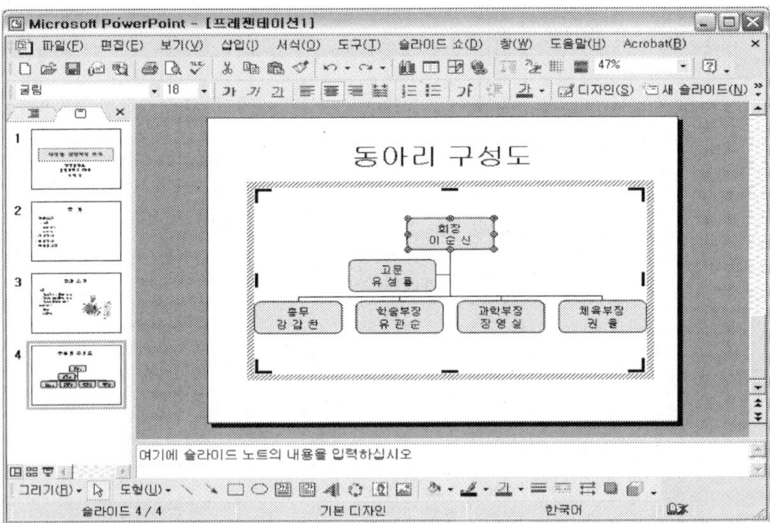

그리기 도형

그리기 도구의 도형에는 선, 도형, 블록 화살표, 순서도, 설명선 등의 다양한 도형들이 제공된다.

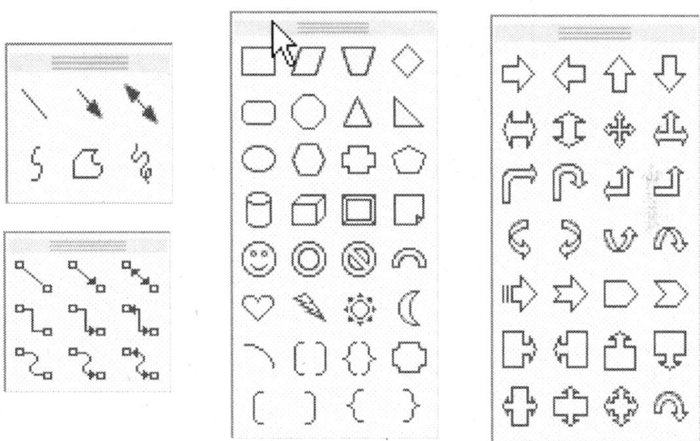

도형 그리기와 편집

선의 종류로는 선, 화살표, 양방향 화살표, 곡선, 자유형, 자유곡선 등 다양한 형태가 제공된다.

선 그리기 도구상자를 클릭 후 슬라이드 위에서 마우스를 드래그 하여 원하는 위치로 가면 된다.

리본의 색상을 바꾸고자 한다면 리본도형을 더블 클릭하거나 마우스 오른쪽 버튼의 [도형서식]을 선택한다.

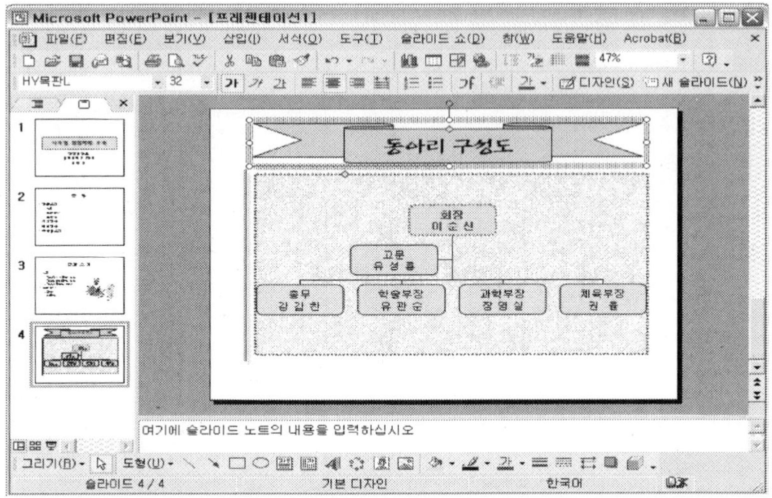

워크아트 삽입

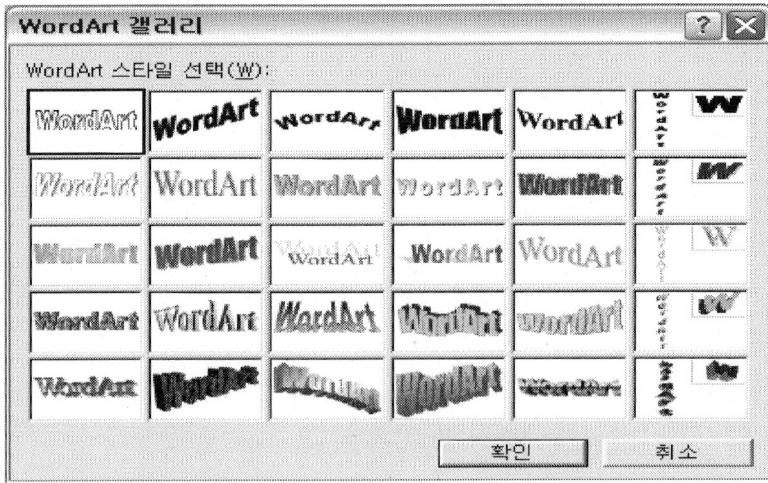

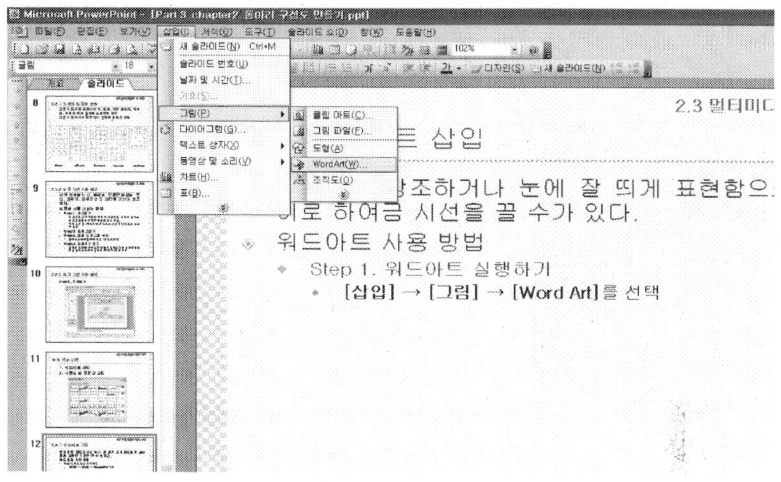

Microsoft PowerPoint - [Part 3 chapter2. 동아리 구성도 만들기.ppt]
파일(F) 편집(E) 보기(V) 삽입(I) 서식(O) 도구(T) 슬라이드 쇼(D) 창(W) 도움말(H)
새 슬라이드(N) Ctrl+M
슬라이드 번호(U)
날짜 및 시각(T)...
개요(S)...
그림(P)
다이어그램(G)...
텍스트 상자(X)
동영상 및 소리(V)
차트(H)...
표(B)...
클립 아트(C)
그림 파일(F)...
도형(A)
WordArt(W)...
조직도(O)
2.3 멀티미
삽입
조하거나 눈에 잘 띄게 표현함으
로 하여금 시선을 끌 수가 있다.
워드아트 사용 방법
Step 1. 워드아트 실행하기
[삽입] → [그림] → [Word Art]를 선택

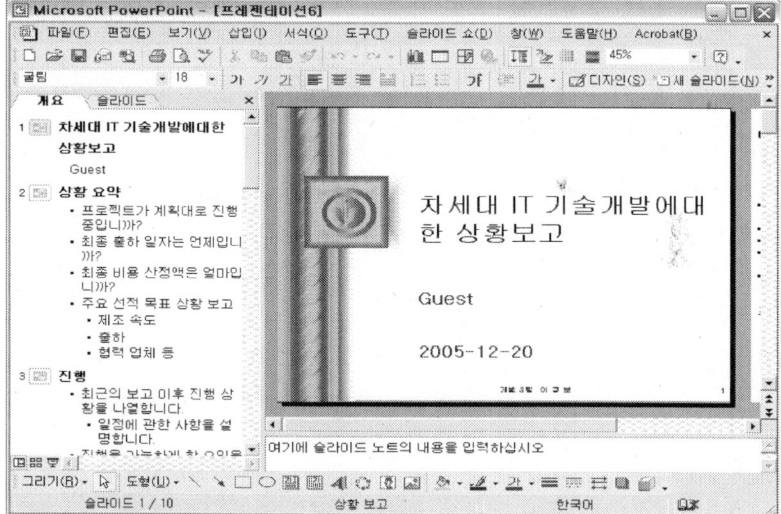

Microsoft PowerPoint - [프레젠테이션6]
파일(F) 편집(E) 보기(V) 삽입(I) 서식(O) 도구(T) 슬라이드 쇼(D) 창(W) 도움말(H) Acrobat(B)
굴림 18
개요 슬라이드
1 차세대 IT 기술개발에대한
상황보고
Guest
2 상황 요약
프로젝트가 계획대로 진행
중입니까?
최종 출하 일자는 언제입니
까?
최종 비용 산정액은 얼마입
니까?
주요 선적 목표 상황 보고
제조 속도
출하
협력 업체 등
3 진행
최근의 보고 이후 진행 상
황을 나열합니다.
일정에 관한 사항을 설
명합니다.
차 세 대 IT 기 술개발 에대
한 상황보고
Guest
2005-12-20
그리기(R) 도형(U)
여기에 슬라이드 노트의 내용을 입력하십시오
슬라이드 1 / 10 상황 보고 한국어

내용구성 마법사 이용

내용 구성 마법사
시작
프레젠테이션 내용
프레젠테이션 스타일
프레젠테이션 옵션
마침
내용 구성 마법사
내용 구성 마법사를 사용하여 미리 준비
된 내용과 구성으로 프레젠테이션을 쉽게
만들 수 있습니다
취소
< 뒤로(B)
다음(N) >
마침(F)

Microsoft PowerPoint - [프레젠테이션6]
파일(F)   편집(E)   보기(V)   삽입(I)   서식(O)   도구(T)   슬라이드 쇼(D)   창(W)   도움말(H)   Acrobat(B)
45%
글림   18
디자인(S)   새 슬라이드(N)
개요   슬라이드
1 차세대 IT 기술개발에대한
   상황보고
   Guest
2 상황 요약
   • 프로젝트가 계획대로 진행
     중입니까?
   • 최종 출하 일자는 언제입니
     까?
   • 최종 비용 산정액은 얼마입
     니까?
   • 주요 선적 목표 상황 보고
     • 제조 속도
     • 출하
     • 협력 업체 등
3 진행
   • 최근의 보고 이후 진행 상
     황을 나열합니다.
     • 일정에 관한 사항을 설
       명합니다.
차세대 IT 기술개발에대
한 상황보고

Guest

2005-12-20
여기에 슬라이드 노트의 내용을 입력하십시오
그리기(R)   도형(U)
슬라이드 1 / 10   상황 보고   한국어

"

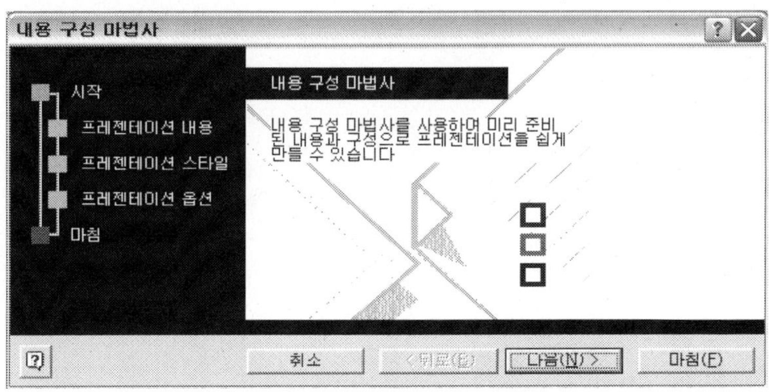

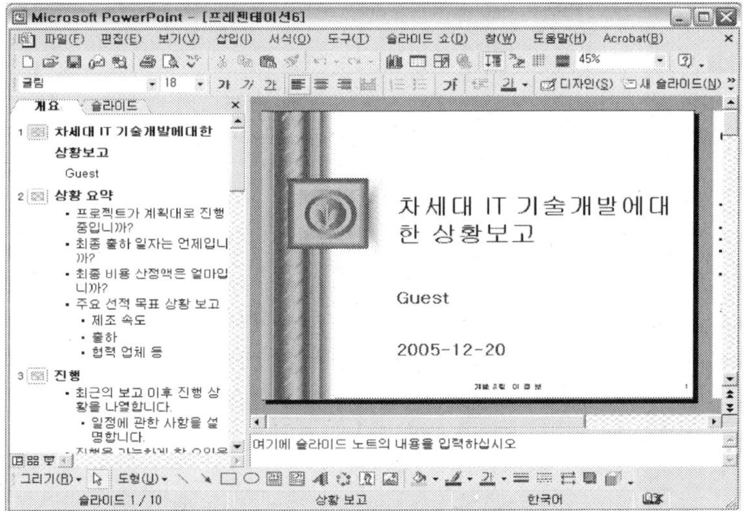

디자인 서식 이용

전문 디자인을 이용하여 파워포인트를 만들 수 있도록 하였다.

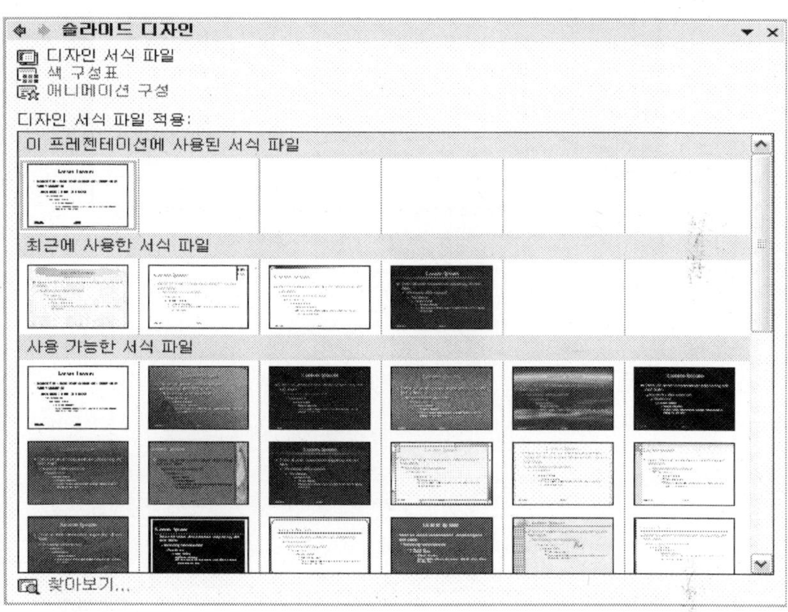

새 프레젠테이션을 선택한 다음 [서식]-[슬라이드 디자인]을 선택한다.

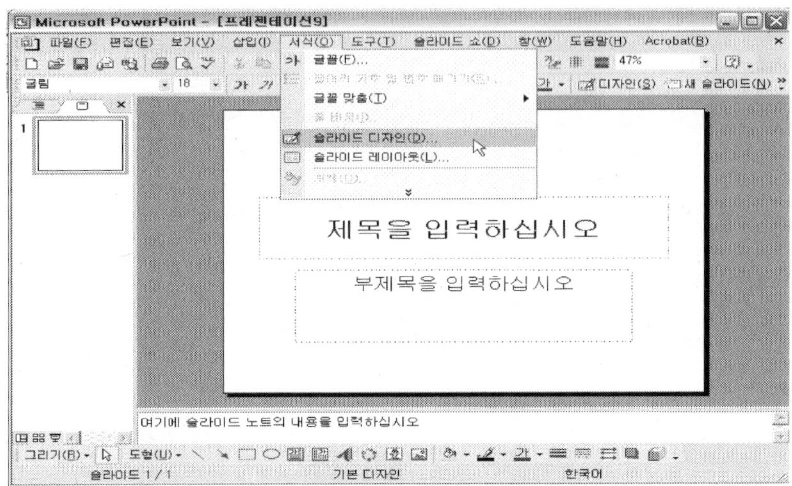

표 및 차트 만들기

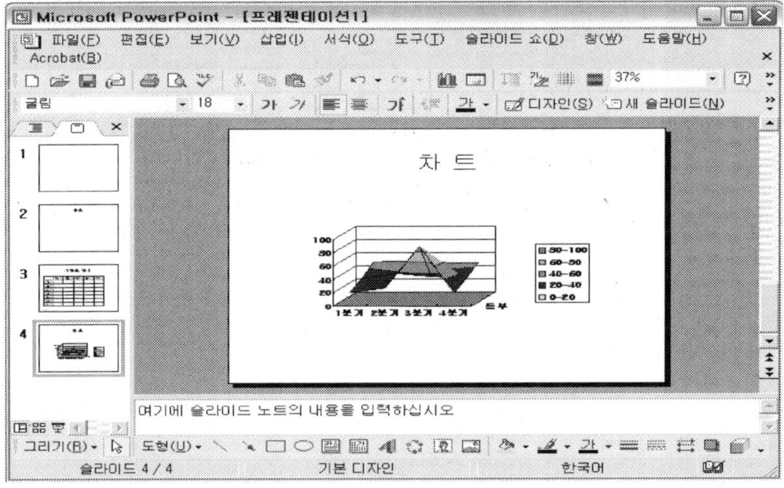

▋ [삽입]-[표]를 실행

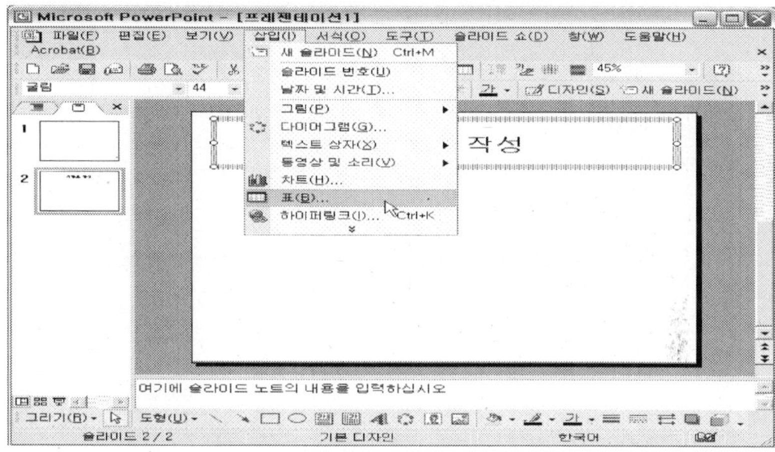

▋ 표 작성

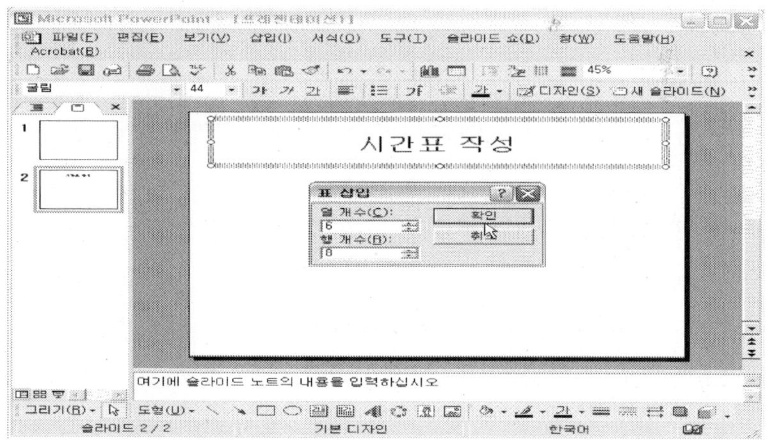

　서식을 설정하기 위해 마우스 오른쪽 버튼을 눌러 "테두리와 채우기"를 선택한다.

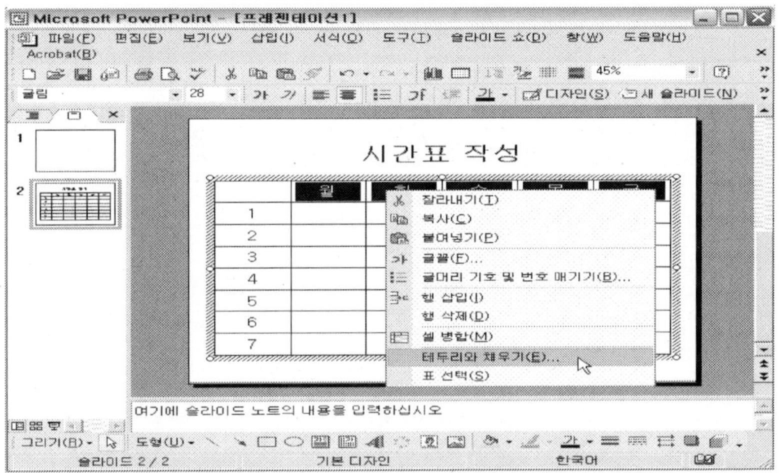

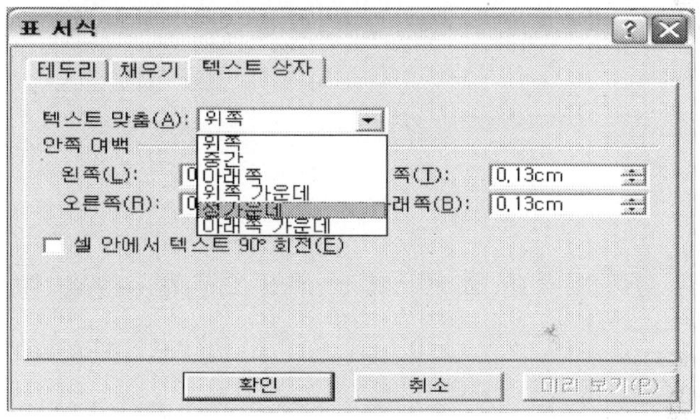

❖ 표 꾸미기

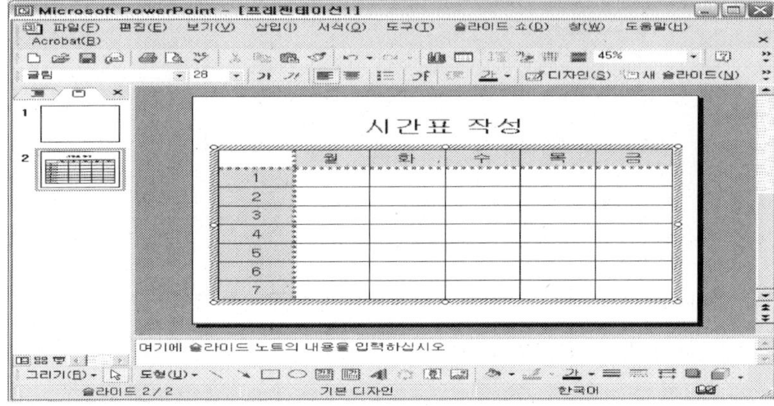

❖ 표 편집

행 또는 열에 블록을 설정한 후 마우스 오른쪽 버튼을 클릭한다.

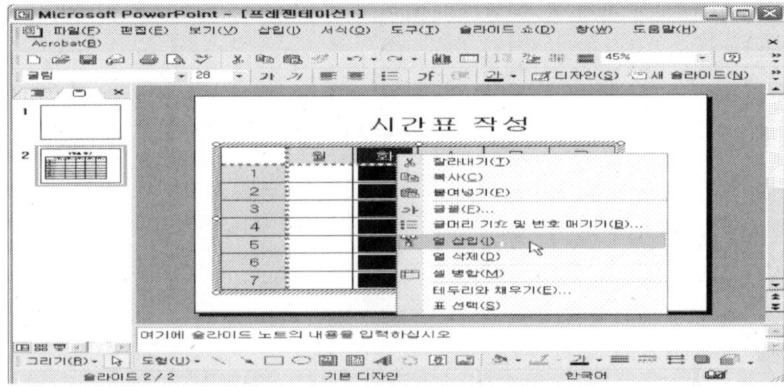

❖ 셀 병합

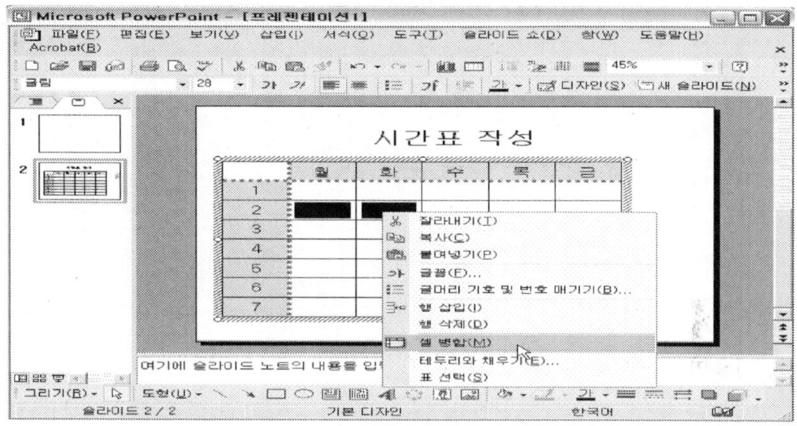

초기 차트 창이 나타나면 아래의 데이터 시트 부분에 필요한 필
드 값과 정확한 값들을 입력한다.

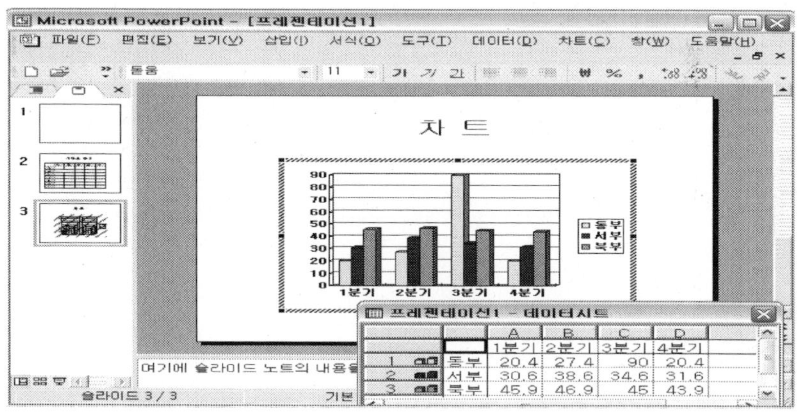

차트를 완성하였으면 슬라이드의 빈 부분을 클릭하거나 <ESC>키를 눌러 슬라이드에 차트를 삽입한다.

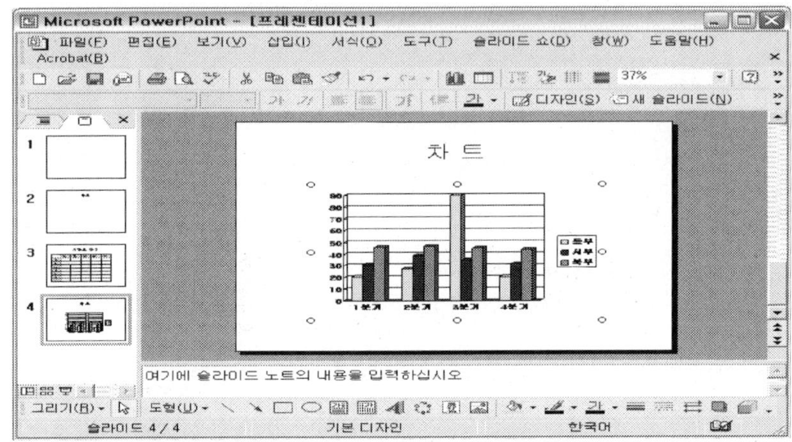

꞉ 차트 편집

차트를 선택하고 더블 클릭하거나 마우스 오른쪽 버튼을 눌러 **[차트개체]→[편집]**을 선택한다.

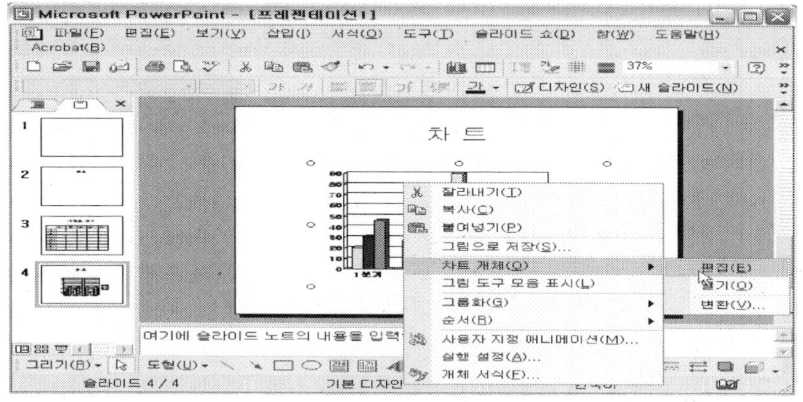

:: 차트 삽입과 수정

차트 종류를 바꾸거나 3차원으로 보기 위해서는 편집 상태에서 그
래프 부분에 마우스 오른쪽 버튼을 누르면 [차트 종류 / 차트 영역 서
식 / 3차원 보기] 등이 나오고 편집을 원하는 항목을 선택한다.

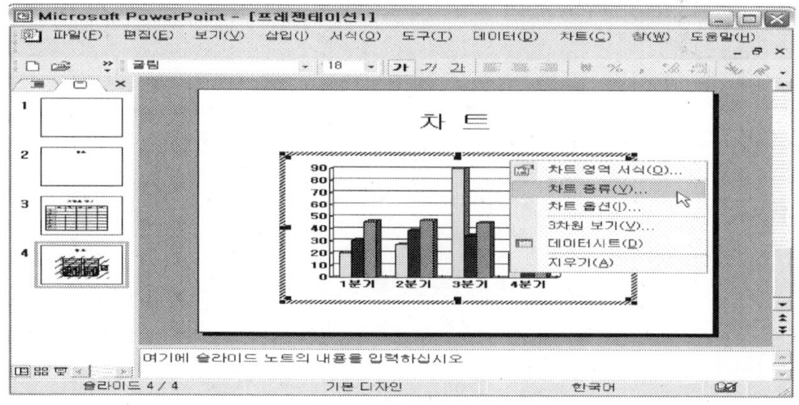

슬라이드 쇼

[슬라이드 쇼] 메뉴에서 [쇼 보기]를 누르거나 현재의 슬라이드 보기 화면을 첫 번째 슬라이드로 조절한 후 [슬라이드 쇼] 버튼을 누른다. 또는 <F5>키를 누른다.

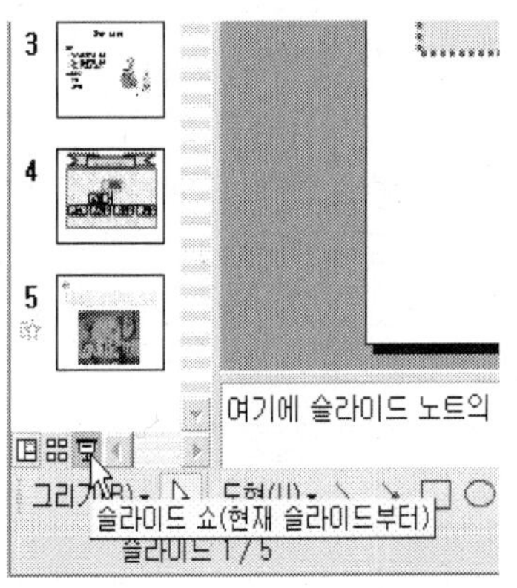

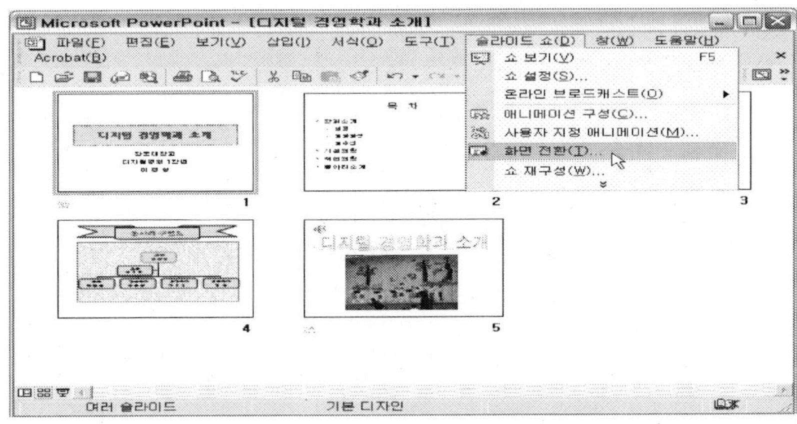

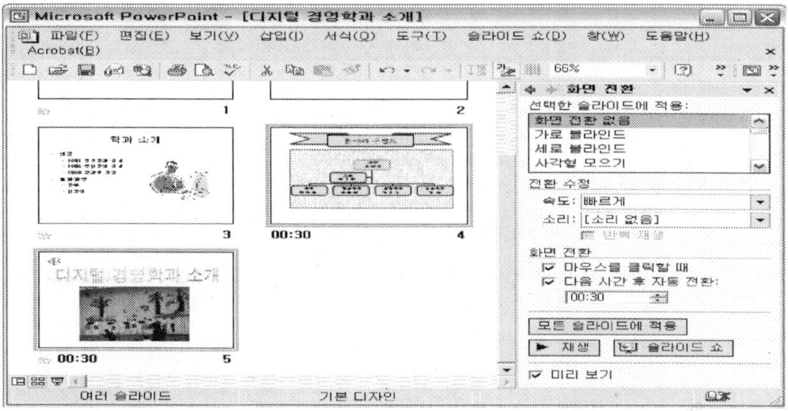

애니메이션 효과

문자를 하나씩 표시하거나 그림이나 차트에 애니메이션 효과나 소리를 설정할 수 있다.

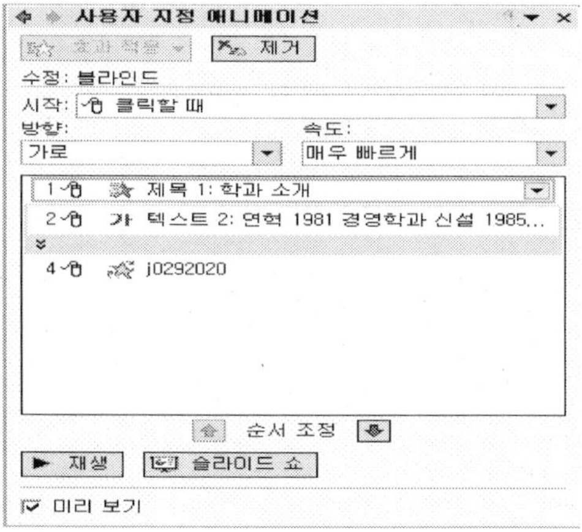

　애니메이션 효과를 추가하고자 하는 슬라이드에서 메뉴의 [슬라이드 쇼]−[사용자 지정 애니메이션]을 선택한다.

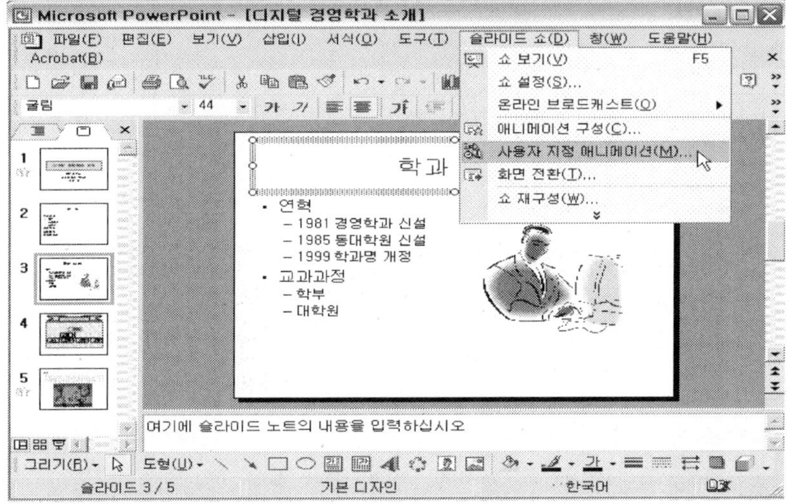

■ 스프레드시트

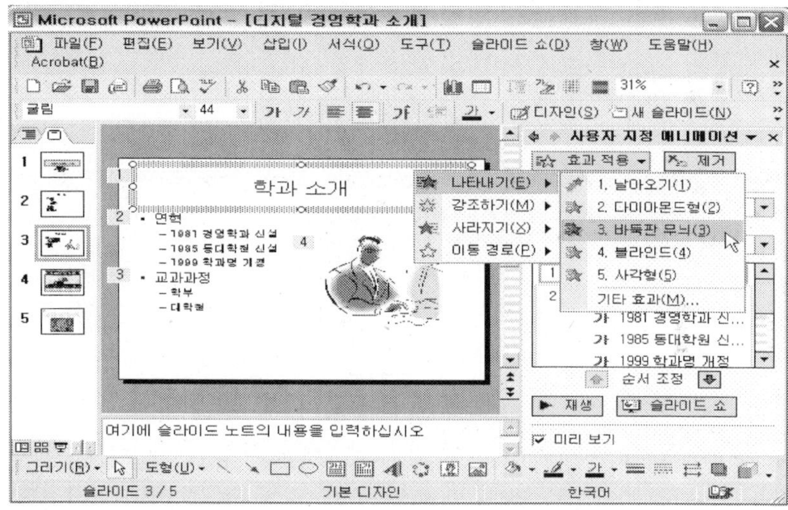

스프레드시트란 가로(행)와 세로(열)로 펼쳐져 있는 표(셀)에 숫자나 문자 데이터를 입력하여 수치데이터를 계산, 분석 및 차트로 표현하여 주어진 자료를 손쉽게 분석할 수 있도록 도와주는 응용프로그램이다.

문서작성: 워드 프로세서와 같이 문서 작성이 가능

계산: 수식이나 함수를 이용한 계산처리

자료 관리: 정렬 및 검색 등 자료 분석을 통한 관리

그래픽: 계산 처리된 데이터의 시각화

인쇄: 작성된 문서를 프린터로 출력

3. 엑셀 활용하기

1) 엑셀 기본 화면

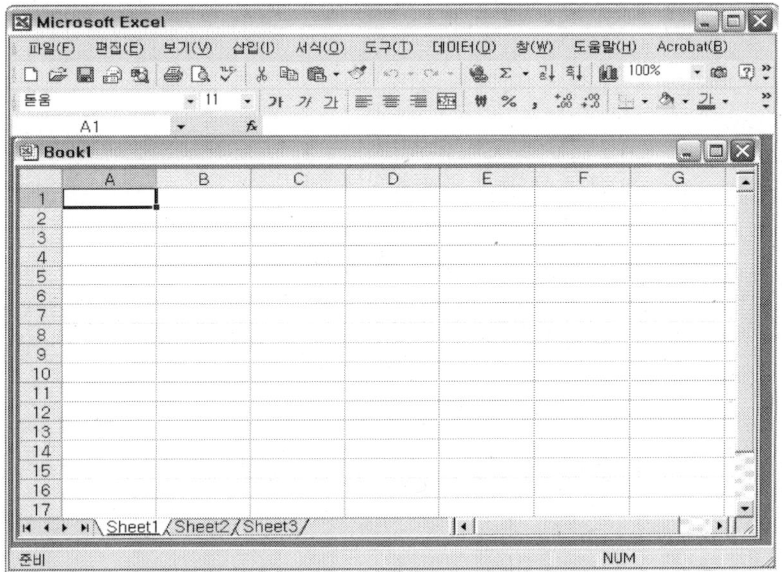

2) 엑셀의 기능

문서작성: 워드 프로세서와 같이 문서 작성이 가능

계산: 수식이나 함수를 이용한 계산처리

자료 관리: 정렬 및 검색 등 자료 분석을 통한 관리

그래픽: 계산 처리된 데이터의 시각화

인쇄: 작성된 문서를 프린터로 출력

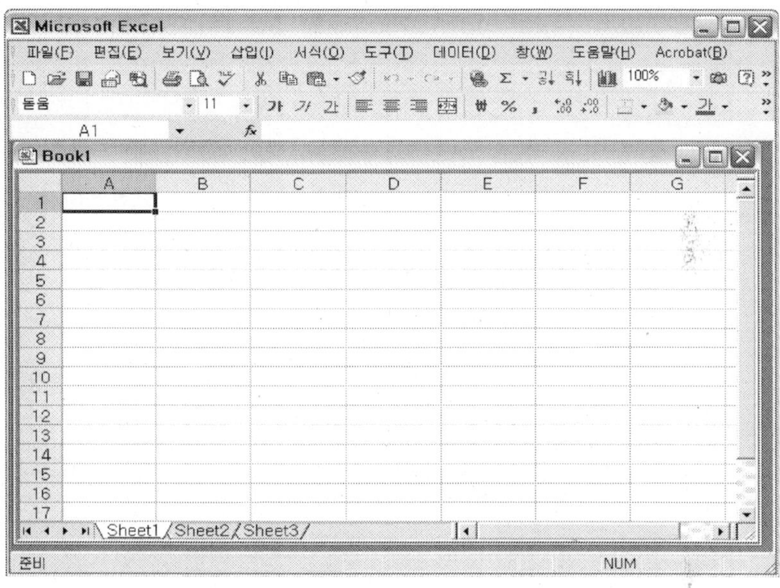

엑셀 초기화면 구성

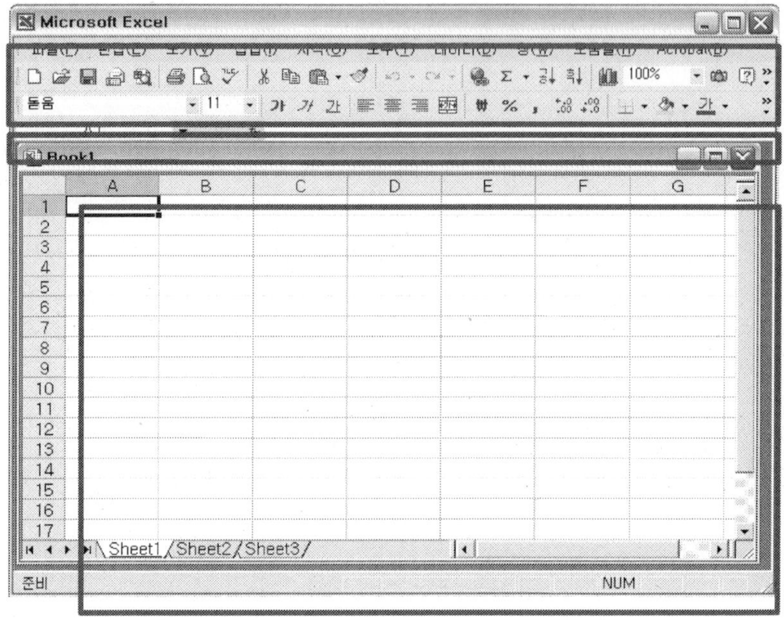

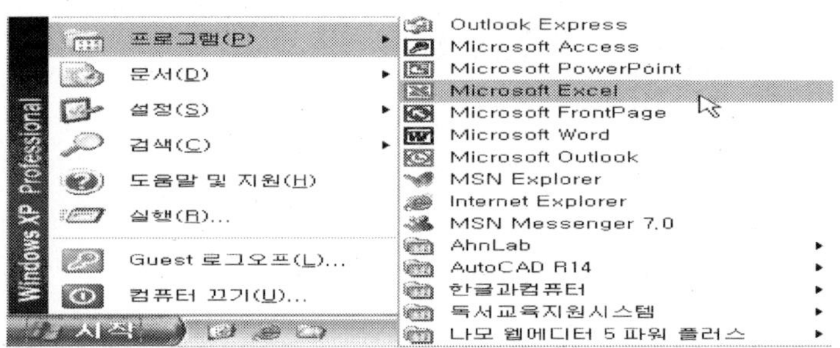

작업의 셀 선택

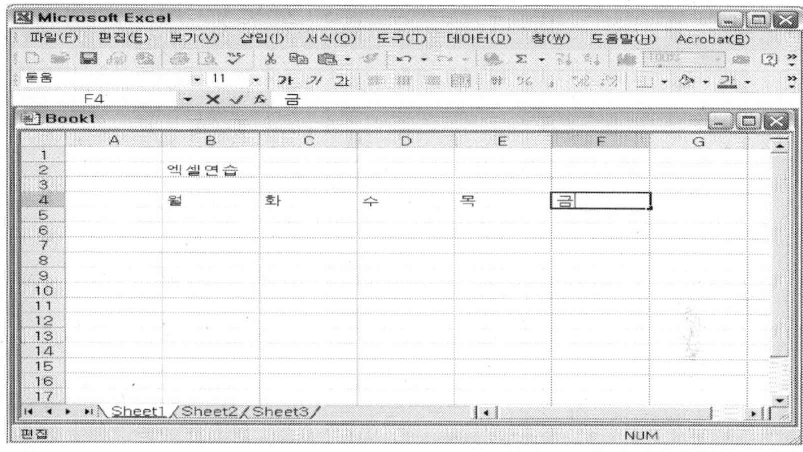

엑셀 저장하기

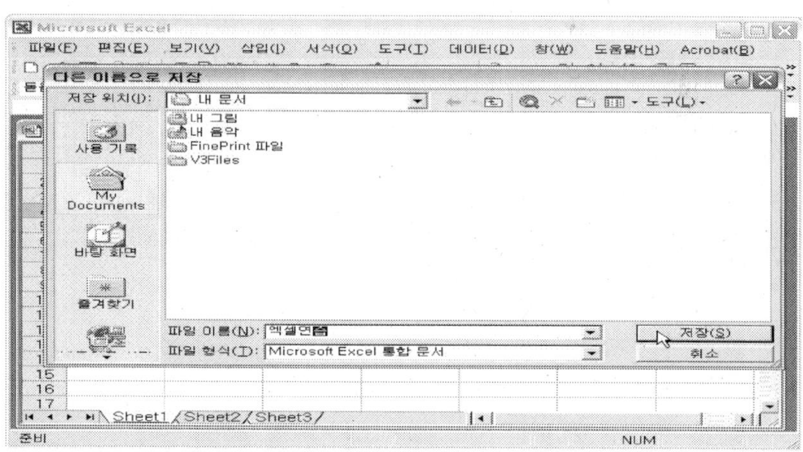

엑셀 종료하기

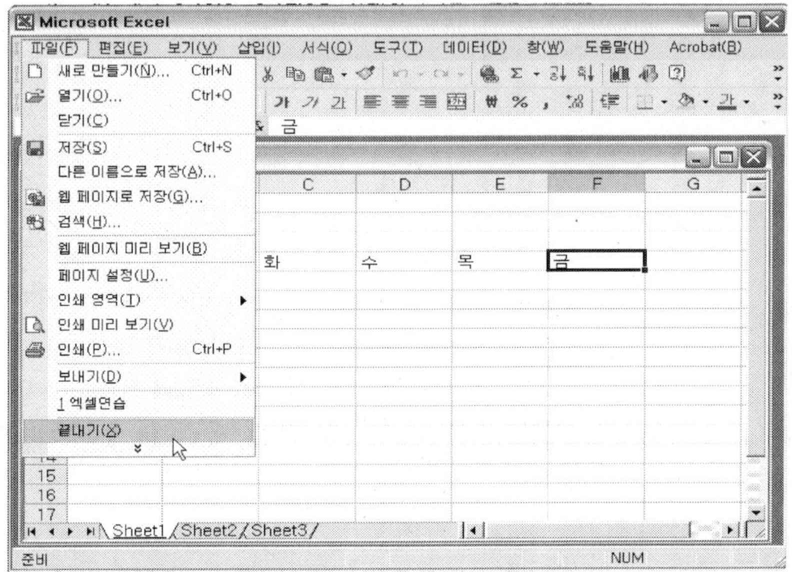

워크시트 이름 바꾸기

엑셀은 기본적으로 3개의 워크시트(Sheet1, Sheet2, Sheet3)를 제공하며, 메뉴에서 [도구(T)]의 [옵션(O)] 메뉴 내 [일반] 탭에서 워크시트의 개수를 설정할 수 있다.

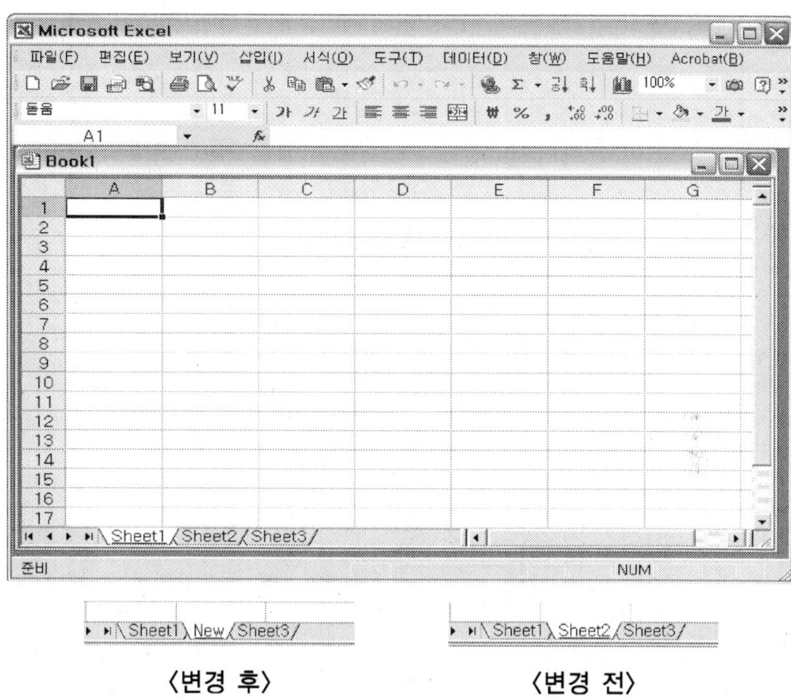

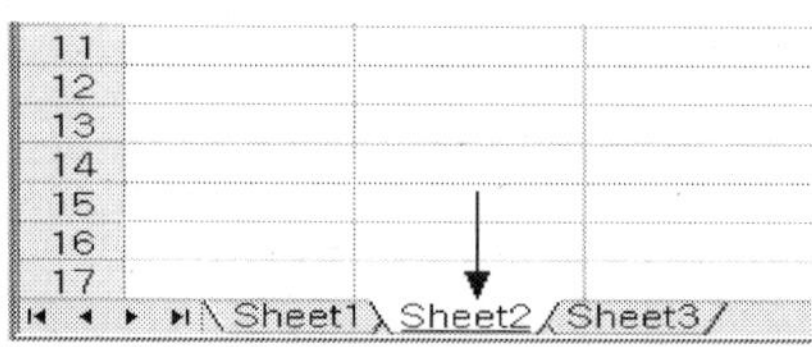

| 〈변경 후〉 | 〈변경 전〉 |

워크시트 변경 방법은 마우스로 더블 클릭 후 이름을 쓰면 된다.

워크시트 이동은 마우스로 집어서 원하는 곳으로 이동하면 된다.

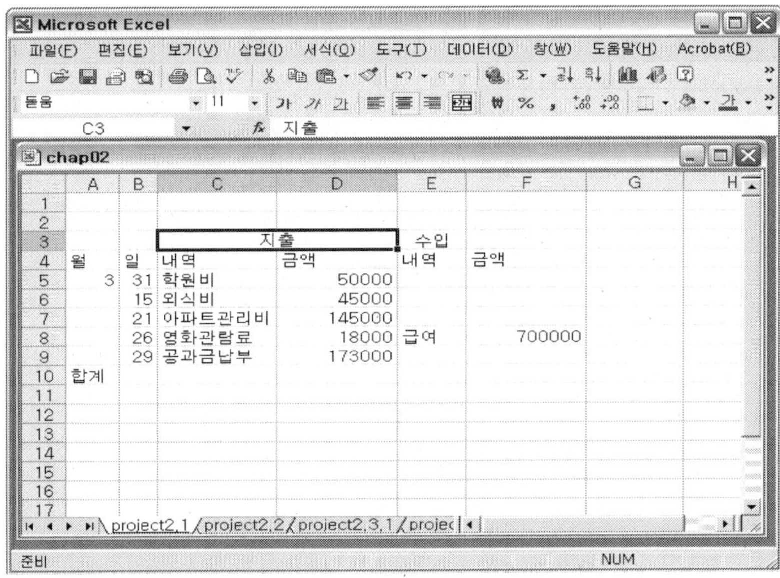

데이터 입력하기

날짜 시간 입력

Ctrl+;은 L을 누르면 오늘의 날짜

Ctrl+Shift+;을 누르면 지금의 시각이 입력된다.

	A	B	C
1			
2	05월 15일	1919-03-01	5:00:00
3	07월 17일	2005-11-18	17:12:45
4			

=는: 숫자, 연산자, 함수, 셀 주소 등을 이용하여 연산을 할 때 사용한다.

계산을 쉽게 하기 위해서 함수를 사용한다.

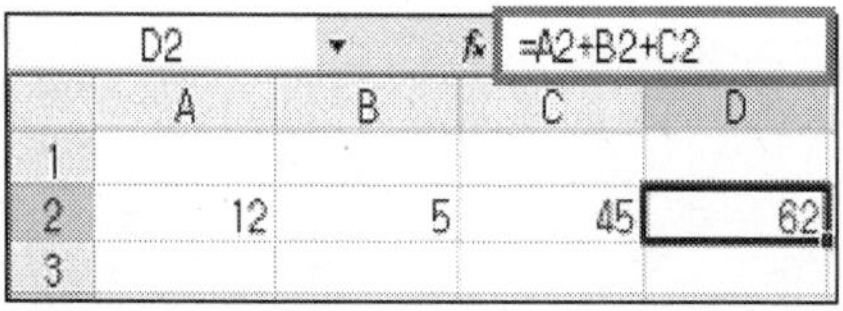

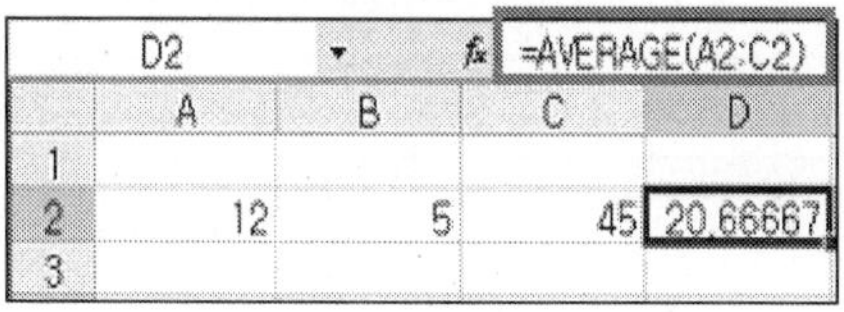

®화폐의 단위를 지정할 때 사용하며, 이 서식이 지정되면 1234는 ₩1,234의 형식으로 나타난다.

®수치를 백분율로 고쳐서 나타내고자 할 때 사용하며 0.24와 같은 데이터가 24%의 형식으로 나타난다.

❖ 셀 표시 형식

®화폐의 단위를 지정할 때 사용하며, 이 서식이 지정되면 1234는 ₩1,234의 형식으로 나타난다.

®수치를 백분율로 고쳐서 나타내고자 할 때 사용하며 0.24와 같은 데이터가 24%의 형식으로 나타난다.

　®소수 이하 자릿수를 지정하기 위해서 사용하며, 자릿수 늘림을 선택하면 3.13과 같은 데이터가 3.130의 형태로 늘어나고, 자릿수 줄임을 선택하면 4.467과 같은 데이터는 4.47과 같은 형태로 반올림되어 나타난다.

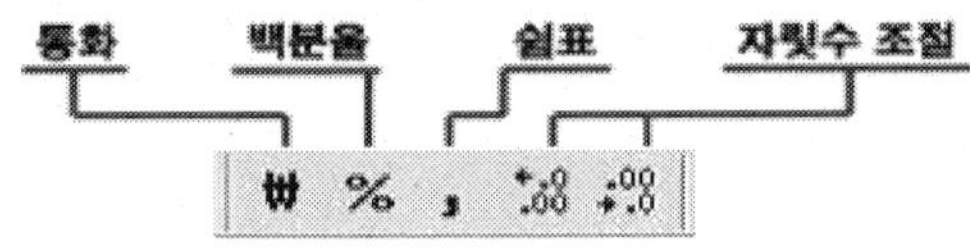

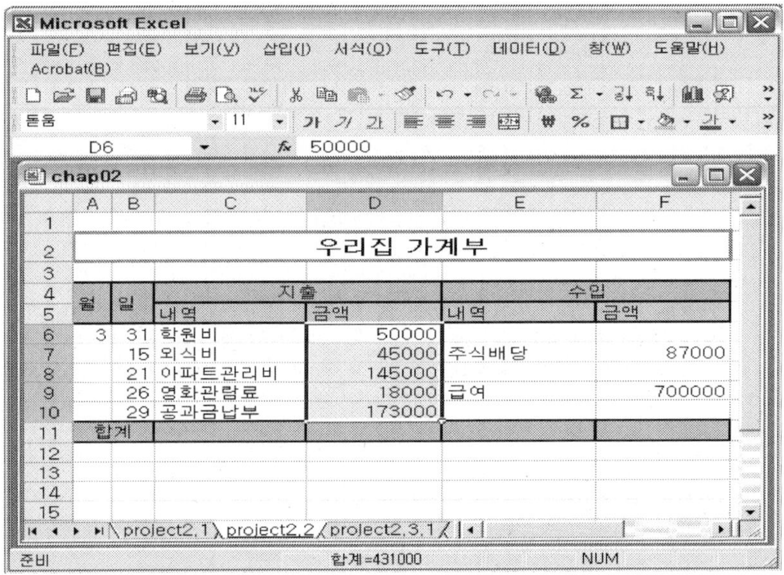

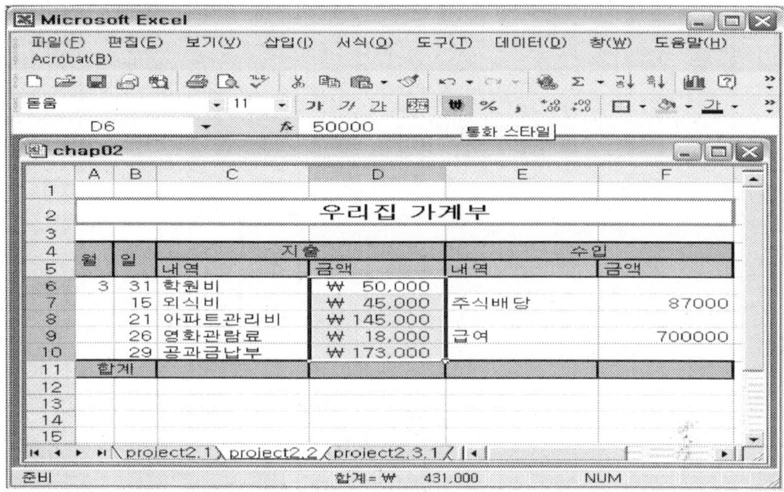

자동서식

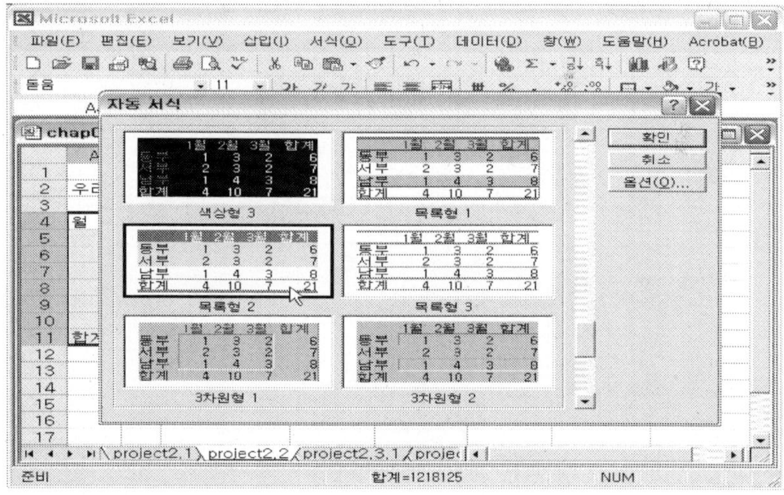

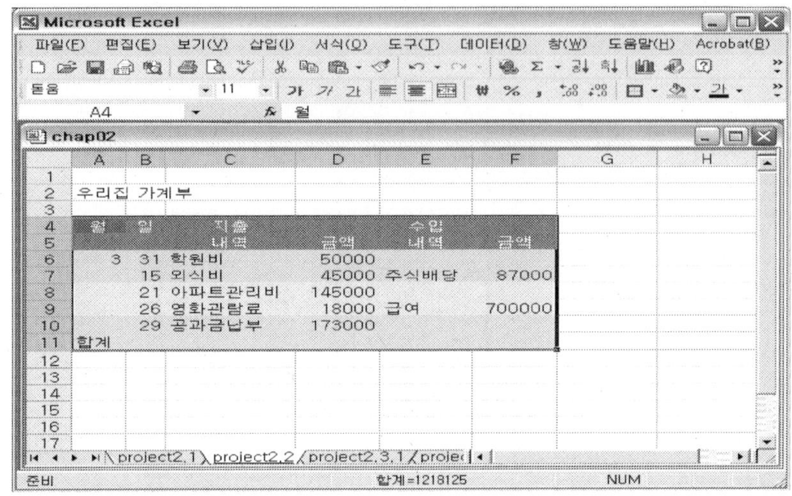

✦ 자동합계

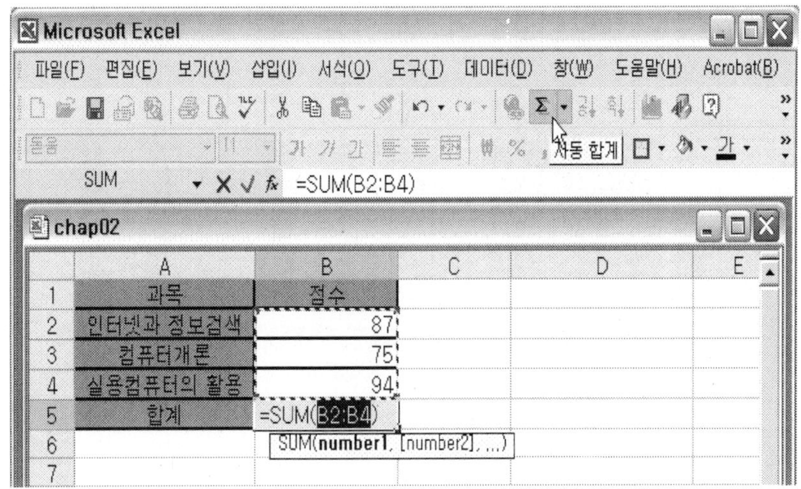

❖ 동일한 데이터 입력

셀의 오른쪽 아래 부분에 마우스를 가져가면 십자가(+) 모양이 되는데 그것을 '자동 채우기 핸들'이라 함.
자동 채우기 핸들을 드래그한 후 동일 데이터 입력 셀까지 끌기를 한다.

❖ 연속수치 입력

셀의 오른쪽 아래 부분의 '자동 채우기 핸들'로 마우스를 가져간 다음 <Ctrl>키를 누른 상태에서 원하는 셀까지 마우스를 드래그하면 연속된 값을 입력.

❖ 자동 채우기

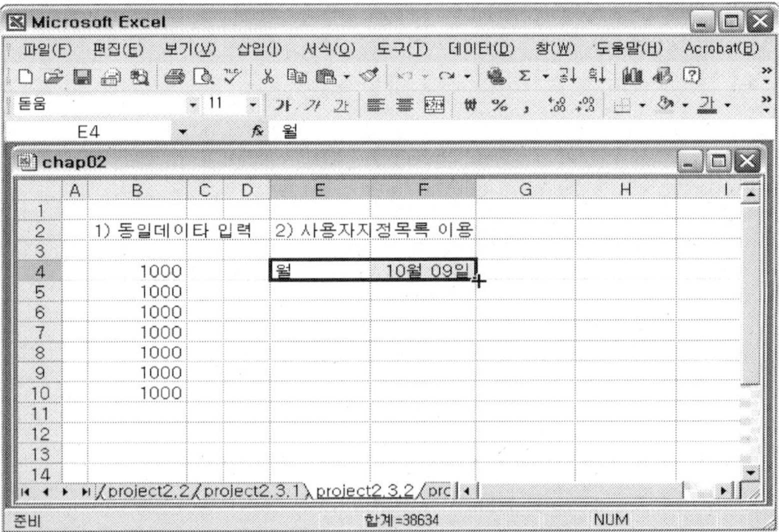

- 한글, 파워포인트, 엑셀

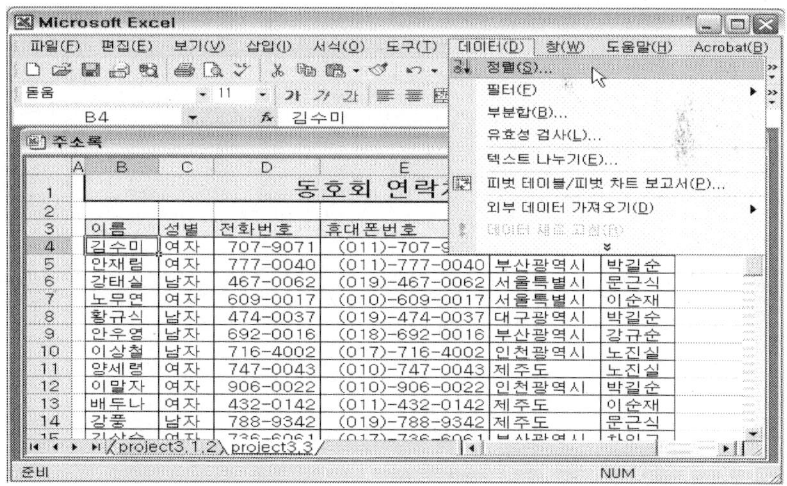

데이터 정렬하기

03

21세기 전산 실무와 컴퓨터 이해

21세기는 컴퓨터의 세계이다. 컴퓨터가 소형화되고, 이동용으로 사용되며, 인터넷을 활용하여 언제 어디서나 정보를 검색하고 정보를 제공할 수 있는 전문가 형으로 바뀌고 있다. 컴퓨터를 활용하지 않는 전산 실무란 있을 수 없다.

모든 면에서 컴퓨터는 사용된다.

정치, 경제, 사회, 문화, 문사, 우주개발 과학개발에까지 컴퓨터는 두루 사용된다.

그러므로 전산 실무는 컴퓨터 활용이라고 할 수 있다.

컴퓨터를 잘하는 사람이 전산 실무가이다. 즉 다시 말해 전산 실무가는 컴퓨터 프로그램을 잘 다루는 사람이라고 할 수 있다.

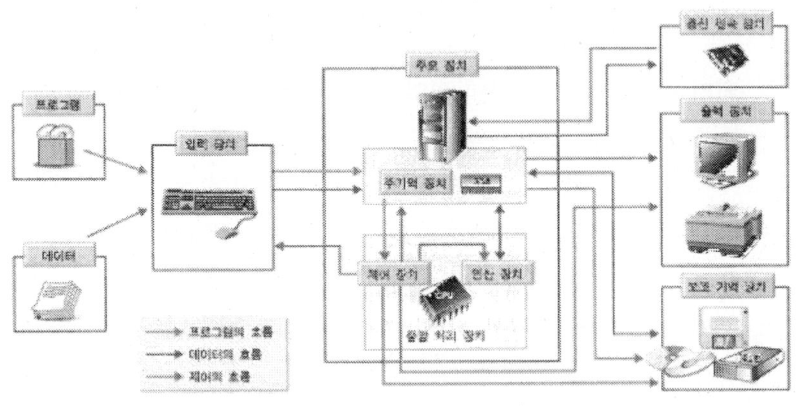

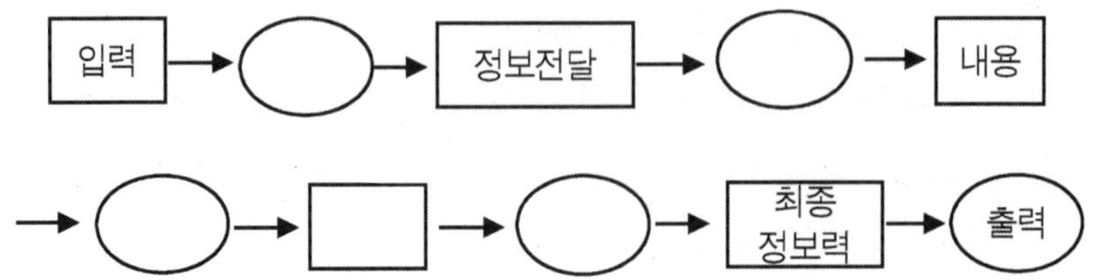

1. 미래의 컴퓨터 활용가능성

현재는 계산을 할 때 바코드를 인식하여 계산을 한다. 그래서 자동적으로 상품의 재고가 파악된다. 그러나 계산은 사람이 직접 바코드를 찍거나 입력하여 계산하여야 하고, EH 현금으로 거래하는 과정에서 시간이 많이 소요된다.

미래에는 장바구니나 카트에 단말기가 부착되어 있어 장바구니에 물건을 담으면 물건에 부착된 칩을 단말기가 인식하여 자동으로 계산을 하고, 재고도 종류별로 파악될 것이다. 단, 그 상점에서 물건을 사기 전에 사람들은 신용카드 혹은 그 가계에서 발행하는 쇼핑카드가 있어야 할 것이다. 그 이유는 현금으로 계산을 한다면 시간이 많이 걸리기 때문에 카드나 쇼핑카드로 계산을 하게 되면 신속하게 고객들을 보낼 수 있기 때문이다.

계산을 장바구니나 카트에 장착된 단말기가 해 주면, 쇼핑을 마친 고객은 나갈 때 각 계산대에서 카드만 긁고 나오면 될 것이다.

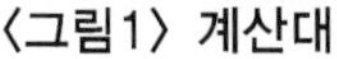

〈그림1〉 계산대

〈그림2〉 단말기가 달린
쇼핑카트(가상)

◈ 인쇄된 문서의 내용을 컴퓨터에 입력시켜야 하는 약사

현재는 약사가 손으로 문서의 내용을 직접 입력하는 방식이다. 이 방식은 인쇄된 문서를 약사가 다시 한 번 컴퓨터에 입력시켜야 하므로 비효율적일 뿐만 아니라, 입력하는 데 있어서 정확성 또한 떨어질 것이다.

현재 그림을 읽어 컴퓨터로 입력하는 장치인 스캐너는 있으나 인쇄되어 있는 문자를 읽어 컴퓨터로 입력시키는 장치는 없다. 그러나 미래에는 문서에 인쇄된 잉크를 인식할 수 있는 기계가 발명되어 문서를 기계에 입력하기만 하면 자동으로 컴퓨터가 잉크에 반응하여 입력이 될 것이다. 인쇄된 문서가 아니라도 손으로 직접 쓴 문서도 인식을 하여 사람이 인쇄된 문서를 다시 컴퓨터에 입력시키려고 타자를 치는 일은 없어질 것이다.

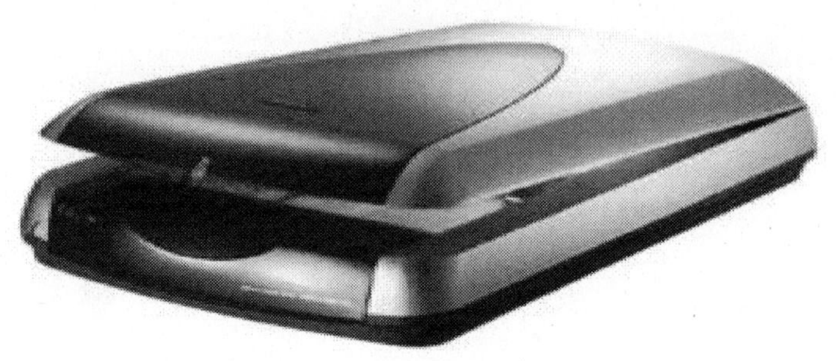

〈그림〉 문자를 입력하는 장치(가상)

✧ 공항에서 승객들의 화물을 자동으로 추적하는 시스템

비행기를 타고 여행이나 출장을 갈 때 여행 가방에 꼬리표 같은 바코드가 붙어 있는 것을 볼 수 있다. 이것을 통해 공항에서는 화물에 대해 추적을 할 수 있다. 그러나 만약 가방이 다른 곳으로 가 버린다거나 분실했을 때 가방의 주인인 우리가 확인을 하거나 가방이나 화물의 상태를 확인할 수 없다는 문제점이 있다.

그러나 미래에는 가방에 주인의 컴퓨터와 공항의 컴퓨터가 네트워크가 가능한 칩들을 부착한다면 분실을 했을 경우, 가방의 위치 추적과 상태를 확인할 수 있을 것이다.

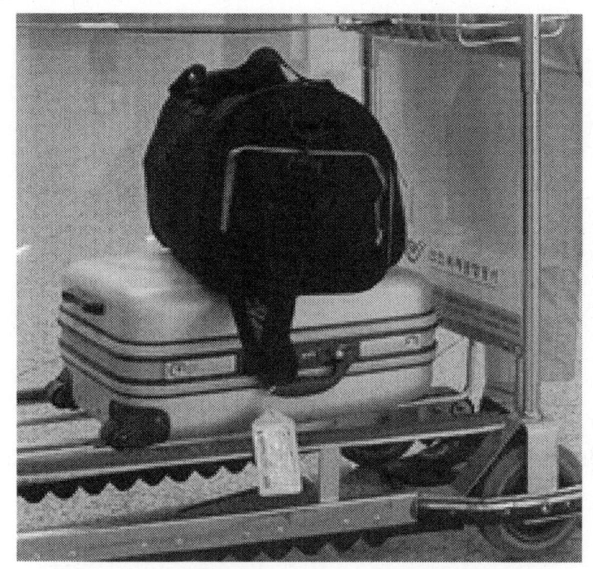

〈그림〉 바코드가 붙어 있는 여행 가방

◈ 전화로 주문을 받는 사무원

홈쇼핑에서 상담원과의 연결로 물건을 사는 경우 상담원은 고객이 원하는 상품에 대한 주문 사항을 컴퓨터에 입력시킨다. 이 과정은 텔레마케터가 손수 컴퓨터에 입력시키는데, 이 과정 또한 비효율적일 수밖에 없다.

미래에는 터치 패드 식으로 하여 키보드를 이용해서 주문사항 입력 시 텔레마케터는 화면의 데이터를 살짝 눌러서 입력을 할 것이다. 이렇게 한다면 입력하는 것이 더욱 간단할 것이고 움직임의 동선도 적어질 것이다.

<그림> 텔레마케터

✪ 고객이 앉은 테이블에서 직접 주문을 할 수 있는 식당

현재는 고객들이 판매하는 사람에게 직접 구두주문을 하고, 그 주문을 판매인이 들으면 주방에 주문이 들어가 음식이 나오는 과정을 거쳤다.

그러나 미래에는 각 자리에 미니 단말기가 장착되어 고객들이 직접 단말기에 입력을 하면 그 주문이 주방으로 곧바로 들어가 음식이 나올 것이다. 이 방식은 손님들이 직접 자신들의 요구사항을 적기 때문에 음식에서 빼 주었으면 하는 것을 적어 주방장에게 곧바로 보냄으로써 고객의 만족을 더 높일 수 있을 것이다. 계산하는 과정 또한 단말기에서 처리되어 나오기 때문에 따로 계산할 필요가 없을 것이다.

◈ 조폐공사의 지폐인쇄 공정에서 인쇄된 지폐가 지나가는 순간 눈으로 식별하여 합격 / 불합격 판정을 내리는 직원

현재는 직원들이 지나가는 순간 식별을 하여 합격 불합격 판정을 내린다. 이것은 판독하는 사람도 피로할 뿐만 아니라 판정의 정확도도 떨어질 수 있다.

미래에는 사람이 하는 것이 아니라 지폐의 원 그림을 저장하고 있는 장치가 지폐가 지나가는 순간 빛을 발사하여 지폐를 읽어 들인 다음 컴퓨터가 미리 저장하고 있던 원본과 대조를 하여 합격 불합격 을 결정할 것이다.

◈ 초진환자에게 표준검사를 시행하려는 정신과 의사

정신과에서는 초진을 하면 여러 가지 검사를 할 것이다. 특히 정신과는 사람의 심리를 알아야 하기 때문에 초진을 할 때 여러 가지를 물어보기도 할 것이고, 또 환자에게 쓰라고 요구하는 것도 많을 것이다. 이러한 것들을 조사할 때 환자가 따로 제공되는 종이에 쓰기도 하고, 의사와 상담을 할 때 의사가 차트에 따로 적기도 할 것이다.

그러나 미래에는 따로 차트에 적거나 하는 것 없이 환자가 말하는 음성이 곧바로 컴퓨터에 입력되고, 그것을 컴퓨터가 처리하여 정리를 하면, 의사는 컴퓨터에서 올라온 자료를 보고 소견을 내릴 것이다.

또 환자가 그리거나 쓰는 것이 있다면, 기존의 PDI와 비슷하게 생

긴 단말기에 그리고 답하게 될 것이고, 그것은 의사의 컴퓨터와 연결되어 바로 입력이 될 것이다. 이렇게 된다면 따로 차트를 관리하거나 필요할 때 가지러 뛰어다닐 필요도 없이 책상에 앉아서 차트를 관리할 수 있을 것이다.

✦ 숲과 개천을 조사해서 공해물질의 영향을 알아보는 환경공학도

공해물질이 숲과 개천에 미치는 영향을 알아보기 위해 공학도들은 항상 자신들이 나가 채집하고 분석하여 그 데이터를 입력하였다.

그러나 미래에는 숲과 개천에 초소형으로 개발된 여러 개의 센서들과 장치들을 산발적으로 설치하여 공학도들이 따로 조사하기 위해 돌아다니거나 할 필요 없이 설치된 장치들에서 종류별로 분석하여 올라오는 데이터를 자신의 컴퓨터에서 앉아 전체적인 분석을 하는 일만 하면 될 것이다.

✦ 직원들의 근무시간을 파악하고자 하는 기업체 사장

현재는 직원들이 출퇴근할 때 카드를 긁고 들어가서 자동으로 시간을 체크하거나, 지문인식, 홍체인식을 통해 사람을 인식 시간을 체크하기도 한다.

그러나 미래에는 몸에 나노 머신을 주입하여 그 사람이 따로 입력하거나 체크할 필요 없이 그냥 기계 앞으로 지나가면 자동으로 인식하여 시간이 체크되고, 직원의 업무시간 관리 또한 효과적으로 관리할 수 있을 것이다.

정보통신 활용이 미래에 중요한 관건이 된다.

현재는 일반 개인 사용자들을 대상으로 모뎀을 사용한 각종 데이터 통신 서비스도 PSTN망을 이용한다.

전자 교환기로 사용자들을 연결해 전화와 같은 음성 서비스를 제공하는 통신망을 들 수 있다. 아래는 이것을 그림으로 나타낸 것이다.

패킷망을 활용한 21세기 전산화

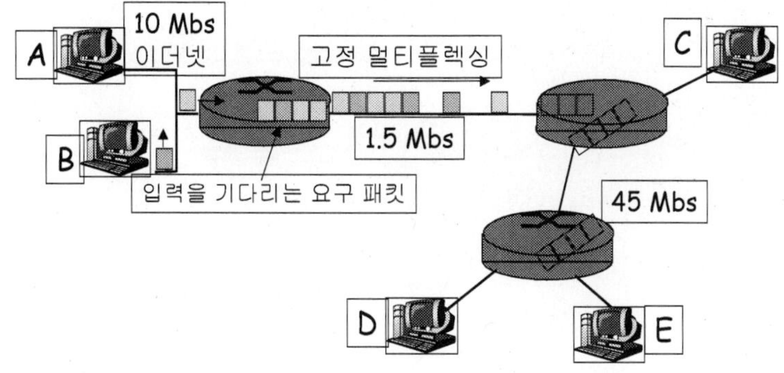

근거리 통신망(현재 인터넷은 이러한 통신망을 활용한다.)

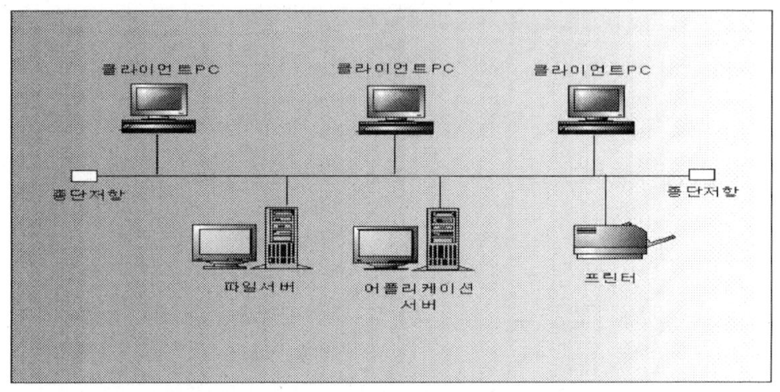

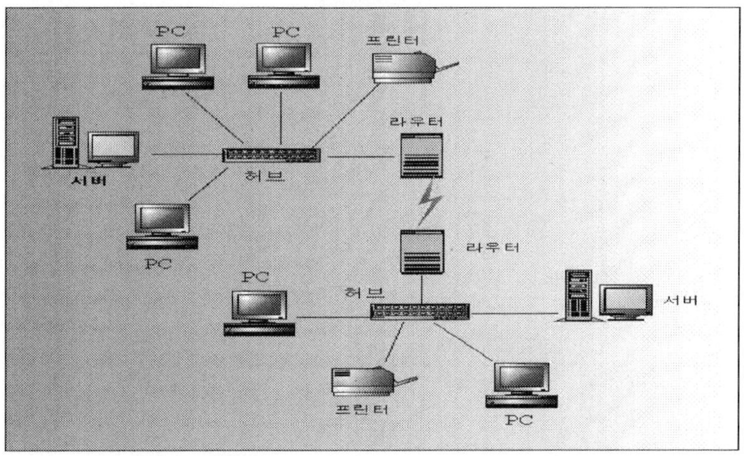

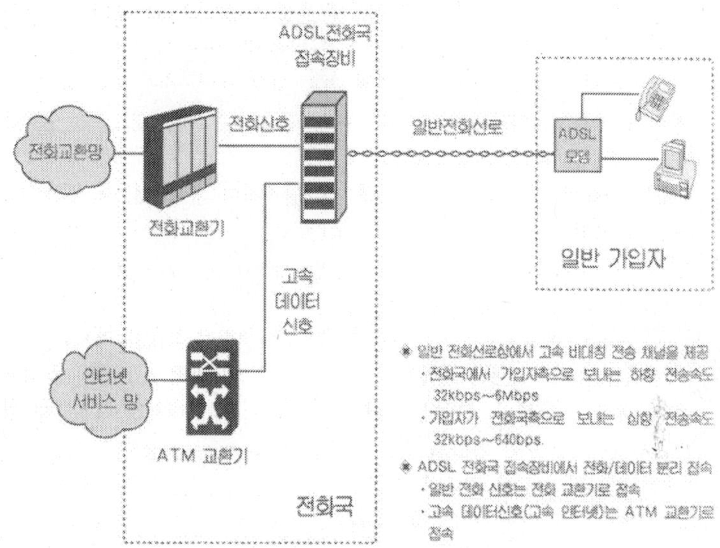

위 그림은 인터넷 망을 간단히 표현한 그림이다.

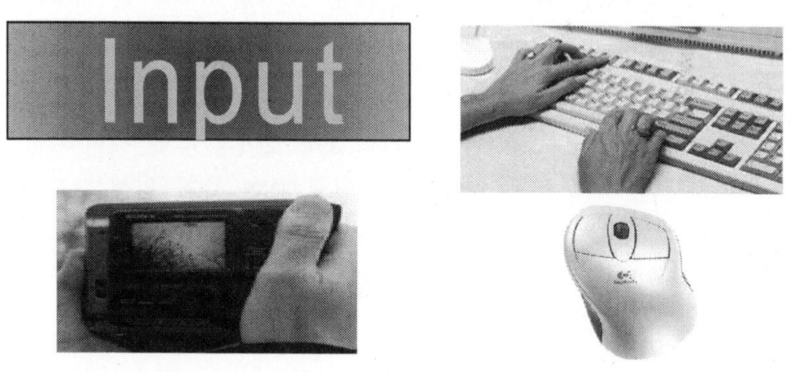

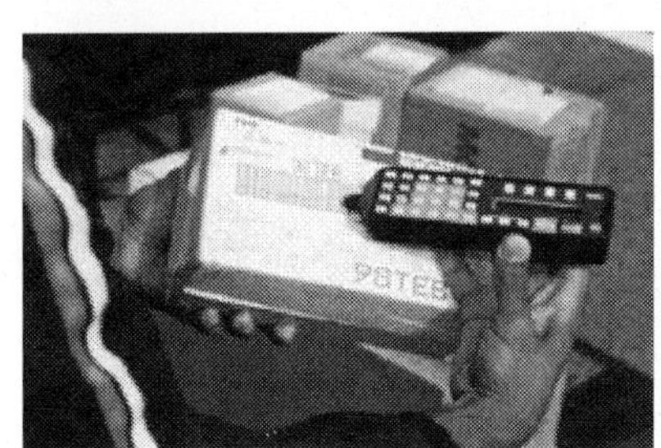

　21세기는 그래픽이 발달하여 초스피드, 대용량 그래픽, 입체형 그래픽으로 발전한다. 그래픽이란 선과 점 도형을 나타내는 그래프와 그림이라는 픽처가 만들어 낸 합성어이다. 이러한 그래픽은 동적인 영상과 정적인 도형 및 모양을 나타내는 것으로 현재 이루어진 상황을 숫자나 결과치보다 더욱 사용자가 쉽게 접하고 또는 재미있게 느끼거나 자세한 추세 등을 보다 알기 쉽게 보여 주기 위해 그래픽을 사용한다.

　이러한 그래픽은 3차원 영상으로 발전함으로서 현실세계에서 추상하지 못했던 예측이나 결과를 입체적이며 사실적으로 경험할 수 있으며 보다 낳은 결과물의 산출에 더욱 많은 기여를 하게 되었다.

1) 모션 그래픽

　모션 그래픽은 초반에 개념적 이해가 없이는 접근하기 어려운 작업이다. 기존의 2차원 위주의 작업을 주로 하던 디자이너가 3차원 디자인 작업까지 그 영역을 확대했을 때 시간과 공간을 조화롭게 매치하지 못하여 작업 전체를 망칠 수 있다.

　예를 들어 일러스트레이터를 이용해 주로 작업했던 디자이너에게 애니메이션을 부 탁할 경우 모션에 대한 이해가 없는 디자이너라면 애니메이션 작업은 필시 실패할 확률이 크다. 모션 그래픽을 이해하기 위해서는 움직임(모션)의 이해가 필수적이다. 이 움직임은 또한 방향성을 가지고 있어야 한다. 움직임의 방향성에 따라 모션 그래픽이 주는 느낌은 천차만별로 달라질 수 있기 때문이다. 모션 그래픽에 대한 많은 원론적 정의가 있겠지만 필자에게 있어 모션 그래픽이란 그래픽 작업에 생명력과 향기를 넣는 작업이라고 말해 주고 싶다. 여기에서 생명력은 Time이라 말할 수 있으며, 향기는 사운드를 의미한다. 간혹 모션 그래픽의 비주얼에 매료되어 사운드를 너무 쉽게 작업하는 경우가 있다. 예를 들어 전체 작업 시간이 1시간이라고 한다면 50분은 비주얼 작업에, 10분은 사운드 작업에 할애한다. 하지만 모션 그래픽은 비주얼과 사운드가 서로 조화롭게 결합해야만 그 감동을 몇 배로 증폭시킬 수 있기 때문에 작업을 할 때 비슷한 비중의 시간을 투자해야 한다.

　모션 그래픽 작업을 보다 쉽게 이해하기 위해 요리에 비유해 보면 다음과 같이 비유될 수 있다. 그래픽 작업물을 용기에 넣고 시간(Time)이라는 불로 가열하여 적당한 온도라는 디자인으로 맛있는 요리를 만드는 것과 같다.

　연속적으로 진행되는 현상들의 표현은 영화의 발명으로 비약적으로 발전했다. 그 원리는 인간의 신체 즉 눈의 잔상효과(Persistence of vision)를 이용하여 1초를 24프레임으로 나누어 정지된 이미지를 연속적으로 보여 주는 것이다. Time에서는 프레임의 이해가 가장 중요하다. Time은 "프레임을 어떻게 표현할 것인가?"와 "프레임에 어떤 변화를 넣을 것인가?"로 구분될 수 있다. 쉬운 예로 불을 강하게 하여 빨리 온도를 높일 것인가(Duration 값을 증가시킬 것인가) 또는 불을 점층적으로 강하게 할 것인가(Easy Ease를 사용할 것인가) 등으로 생각해 볼 수 있다. 즉 요리에 불이 있어야 조리가 가능한 것과 마찬가지로 모션 그래픽에서 Time이 없다면 모션 그래픽은 될 수 없다.

웹에서의 모션 그래픽: 12frame

영상에서의 모션 그래픽: 24frame, 25frame, 29.97frame

웹에서의 초당 Frame 수는 웹상에서 데이터를 전송할 수 있는 기술과 관련이 있다. 인터넷의 데이터 전송 속도의 발전은 웹에서 표현될 수 있는 모션 그래픽의 확장성을 의미한다. 보다 자연스러운 동작이나 현실감 있는 사운드 및 리얼한 캐릭터의 등장이 가능해질 것이다. 영상에서의 모션 그래픽의 초당 frame 수는 최종 출력물과 비디오 포맷방식에 의해 결정된다.

모션 그래픽 작업에서 시간을 관리하는 타임라인 창은 매우 중요한 부분을 차지한다. 특정 시간대의 변화 값이 표기되는 Key frame 을 관리할 수 있기 때문이다.

모든 애니메이션 프로그램은 두 개 이상의 키 프레임을 만들어 첫 프레임과 마지막 프레임 사이에 보간법을 적용하여 컴퓨터가 중간 프레임을 자동으로 만들어 주는 원리를 이용한다. 그렇기 때문에 플래시나 애프터이펙트 같은 프로그램에서 타임라인이 중요한 부분을 차지하는 것이다. 물론 frame by frame 기법으로 각 프레임마다 키 프레임을 만들어 작업할 수 있다. 현재는 더욱 발전하여 스크립트 형식의 프로그램 명령문을 만들거나 애니메이션 값에 수학적 수치를 적용하는 방법도 쓰이고 있다.

그래픽과 멀티미디어는 전산 실무에서 중요한 역할을 한다. 그림 삽입, 멀티미디어 삽입, 음향 삽입 등 다양하게 사용되고 현실감 있는 작업이 되게 만들기 때문이다.

　미래사회는 다원주의적이고 다변적인 사회로 발전할 것이다. 그리고 멀티문화 사회로 진화해서 3차원에서 4차원의 공간으로 진일보할 것이다. 4차원의 세계가 가능하게 되는 것이 바로 컴퓨터이다. 시간과 공간을 뛰어넘어 어디든지 이동하고 동시에 움직일 수 있기 때문이다. 이러한 시대에 살고 있는 우리는 전산 실무에 대한 전문적인 기술과 테크닉을 가져야 할 것이다.

　그것이 곧 현실을 멋지게 사는 현대인이 되는 것이기 때문이다.

• 저자 •

한만봉
韓萬奉
Han Man-Bong

•약 력•

1994. U.S.A. Midwest University (M.Div 교역학석사)
2002. 고려대학교 (교육정책학 석사졸업)
2005. 성균관대학교 대학원 박사Cand (교육행정학 전공)

1991. 한국세무신문사 전문취재부 기자
1995. 한국어린이선교원신학교 캠퍼스 분교장
2002. 고려교육정책학회 상임회장(학진 학회검색가능)
2002. 몬테소리학회 상임회장(학진 학회검색가능)
2002. 고구려대학교 설립추진위원회 법인이사
2003. 한주신학 학술원 설립이사(신학원 교수)
2003. U.S.A. Glenford University 교육학과 교수 역임
2004. U.S.A. Cohen University 정책학과 외래교수 역임
2004. 한국복지상담학술재단 이사 겸 홍보처장
2005. U.S.A Holy People University Campus 유학담당 지도교수 역임
2005. PHILIPPINE PRESBYTERIAN THEOLOGICAL COLLEGE 객원교수
2005. 지방분권신문사 사장 (대표 이사)
2008. 혜전대학 초빙교수

•주요논저•

「연구논문」
우리나라의 복지행정제도에 관한 고찰 연구(1988)
Kal Barth의 신관 연구(1988)
한국 민중문화와 민중 신학 연구(1992)
Rein hold Niebuhr & Marx에 대한 상관관계 연구(1993)
A CHRONOLOGICAL HARMONY OF THE RESURRECTION
APPEARANCES OF JESUS THE MESSIAH(1994)
북한종교의 변화 전망 연구(2002)
교육위원회와 지방의회 간의 갈등 현상에 관한 연구(2001)
조선조 과거시험 방식의 정책적 분석(공동, 2005)
조선의 과거제도에 대한 정책적 연구(공동, 2005)
조선왕조 과거제도 인사정책 연구(공동, 2005)
조선왕조 과거시험주기 정책적 주장 분석연구(공동, 2005)
조선왕조 과거제도가 현대 정책에 주는 의미(공동, 2005)
과거제도 시험주기의 정책 분석연구(공동, 2005)
북한 종교지형 변천 정책 분석연구(공동, 2005)

『저서』
『대학생활영어 ENGLISH LANGUAGE』(공저)
『행정경제교육』(저술)
『행정정책기획론』(저술)
『의원학』(저술)
『교육정책학』(저술)
『산학협동교육학』(저술)
『현대교육학실기론』(저술)
『현대환경행정론』(공저)
『행정사무관리론』(공저)
『영재교육심리』(저술)
『인사행정학』(저술)
『행정복지론』(저술)
『조직신학』(공저)
『아다르마 성공비법』(저술)
『동양환경행정』(저술)
『교육학과 비서행정』(저술)
『7만교인 교육론』(저술)
『지방자치발전론』(저술)
『CEO 지도자론』(공저)
『NGO 행정론』(공저)

외 다수

이필호

李弼鎬

Lee Pil Ho

·약 력·

건국대학교 행정학과(행정학사)
건국대학교 행정대학원(행정학석사)
선문대학교 일반대학원 행정학과(박사과정수료)

국토연구원 토지·주택연구실 연구원 역임
한국지방공기업학회 간사 역임
현 선문대학교 21세기지역발전연구소 연구원 역임
현 대진대학교 출강
현 혜전대학 출강
선문대학교 출강

·주요논저·
「연구논문」
율곡의 행정개혁사상에 관한 연구
용인시 서북부지역 종합계획수립연구(공동)
토공과 주공의 통합방안 연구(공동)
대전광역시 새주소 부여체계에 관한 연구(공동)
고속도로접도구역 지정범위조정 및 매수 청구제도(공동)
외 다수

전산실무
-한글, 파워포인트, 엑셀

- 초판 인쇄　　2008년 11월 8일
- 초판 발행　　2008년 11월 8일

- 지 은 이　　한만봉, 이필호
- 펴 낸 이　　채종준
- 펴 낸 곳　　한국학술정보㈜
　　　　　　　경기도 파주시 교하읍 문발리 513-5
　　　　　　　파주출판문화정보산업단지
　　　　　　　전화　031) 908-3181(대표) · 팩스　031) 908-3189
　　　　　　　홈페이지　http://www.kstudy.com
　　　　　　　e-mail(출판사업부)　publish@kstudy.com
- 등　　록　　제일산-115호(2000. 6. 19)
- 가　　격　　14,000원

ISBN　　　978-89-534-4391-4 93560(Paper Book)
　　　　　　978-89-534-4392-1 98560(e-Book)